GEOGRAFIA

Projeto Ápis

4º ano

CB123838

Maria Elena Simielli

Bacharela e licenciada em Geografia pela Universidade de São Paulo (USP).
Professora doutora em Geografia e professora livre-docente do Departamento de Geografia – Pós-graduação, USP.
Ex-professora do Ensino Fundamental e Médio na rede pública e em escolas privadas do estado de São Paulo.

Assessoria pedagógica

Anna Maria Charlier

Bacharela e licenciada em Geografia pela Universidade de São Paulo (USP).
Bacharela e licenciada em História pela USP.
Ex-professora, diretora e supervisora do Ensino Fundamental e Médio na rede pública e em escolas privadas do estado de São Paulo.

editora ática

editora ática

Direção de inovação e conteúdo: Guilherme Luz
Direção editorial: Luiz Tonolli e Renata Mascarenhas
Gestão de projeto editorial: Tatiany Renó
Gestão e coordenação de área: Wagner Nicaretta e Brunna Paulussi
Editora assistente: Simone de Souza Poiani
Assistência editorial: Lucas dos Santos Abrami e Mariana Renó Faria
Gerência de produção editorial: Ricardo de Gan Braga
Planejamento e controle de produção: Paula Godo (ger.), Roseli Said e Marcos Toledo
Revisão: Hélia de Jesus Gonsaga (ger.), Kátia Scaff Marques (coord.), Rosângela Muricy (coord.), Daniela Alvares, Gabriela Macedo de Andrade, Patrícia Travanca, Thais R. Dassi e Vanessa de Paula Santos
Edição de arte: Claudio Faustino (coord.), Eber Souza (edição de arte), Jacqueline Ortolan, Lívia Vitta Ribeiro, Rodrigo Bastos Marchini e Simone Zupardo Dias (assist.)
Iconografia e licenciamento de texto: Sílvio Kligin (superv.), Denise Durand Kremer (coord.), Cristina Akisino (coord.), Thiago Fontana (pesquisa iconográfica), Luciana Sposito (licenciamento de textos)
Tratamento de imagem: Cesar Wolf e Fernanda Crevin
Ilustrações: Biry Sarkys, Carlos Bourdiel, Cláudio Chiyo, Eri Tonietti Bellanca, Félix Reiners, Ilustra Cartoon, Ingeborg Asbach, Léo Fanelli e Rodval Matias
Capa: Gláucia Correa Koller (coord.) e Talita Guedes da Silva
Ilustração de capa: Carlo Giovani
Projeto gráfico de miolo: Gláucia Correa Koller (coord.) e Talita Guedes da Silva

Avenida das Nações Unidas, 7221, 3º andar, Setor A
Pinheiros – São Paulo – SP – CEP 05425-902
Tel.: 4003-3061
www.atica.com.br / editora@atica.com.br

Dados Internacionais de Catalogação na Publicação (CIP)
(Câmara Brasileira do Livro, SP, Brasil)

Simielli, Maria Elena
Projeto Ápis : geografia 4º ano / Maria Elena Simielli, assessoria técnico-pedagógica Anna Maria Charlier. -- 3. ed. -- São Paulo : Ática, 2017.

ISBN: 978-85-0818-492-7 (aluno)
ISBN: 978-85-0818-493-4 (professor)

1. Geografia (Ensino fundamental) I. Charlier, Anna Maria. II. Título III. Série.

17-06565 CDD-372.891

Índices para catálogo sistemático:

1. Geografia : Ensino fundamental 372.891

2017
ISBN: 978-85-0818-492-7 (AL)
ISBN: 978-85-0818-493-4 (PR)
Código da obra CL 790083
CAE 621867 (AL) / 621868 (PR)
3ª edição
1ª impressão

Impressão e acabamento: Brasilform Editora e Ind. Gráfica

Uma publicação SOMOS EDUCAÇÃO

APRESENTAÇÃO

Caro aluno,

Esta coleção foi feita pensando em você, uma criança que está começando a grande aventura de explorar o mundo por meio dos estudos.

Como professora, procuro sempre estimular cada aluno a reconhecer como a Geografia está presente no dia a dia, de uma maneira tão natural que às vezes nem pensamos nela.

Por isso, neste livro, você vai trabalhar de uma forma prática. Orientado por seu professor, é você quem vai construir a Geografia, tanto na sala de aula quanto nas outras atividades do seu dia a dia.

Espero que este livro ajude você, aluno, a compreender melhor o mundo em que vivemos e a participar dele ativamente para construir uma sociedade cada vez melhor.

Que tal embarcar nessa viagem?

A autora

Léo Fanelli/Arquivo da editora

CONHEÇA SEU LIVRO

Este livro contém quatro unidades. Cada unidade tem dois capítulos.

Abertura de unidade

No início de cada unidade apresentamos uma ilustração e algumas questões para despertar o seu interesse pelo que será estudado.

Abertura de capítulo

Imagens, textos lúdicos e atividades orais da seção **Para iniciar** estimulam você a conversar com os colegas sobre os assuntos que serão desenvolvidos.

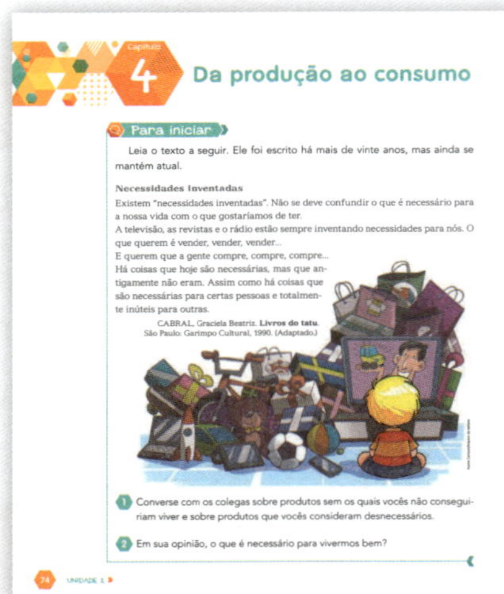

Minha coleção de palavras de Geografia

Ao longo dos capítulos e ao final de cada unidade, você vai encontrar atividades que exploram o sentido de algumas palavras importantes para a disciplina.

Pesquise

Você vai pesquisar, interpretar informações e ampliar o seu conhecimento.

Desafio

Oportunidade de fazer descobertas e comparações em grupo ou individualmente.

Assim também aprendo

Histórias em quadrinhos, tirinhas e brincadeiras para você aprender de modo divertido.

Saiba mais

Textos, imagens e atividades para ampliar seus conhecimentos e aguçar a sua curiosidade.

Glossário

Aqui você encontra o significado das palavras importantes para o estudo de Geografia.

Tecendo saberes

Aqui você vai entrelaçar os conhecimentos da Geografia com os saberes de outras disciplinas.

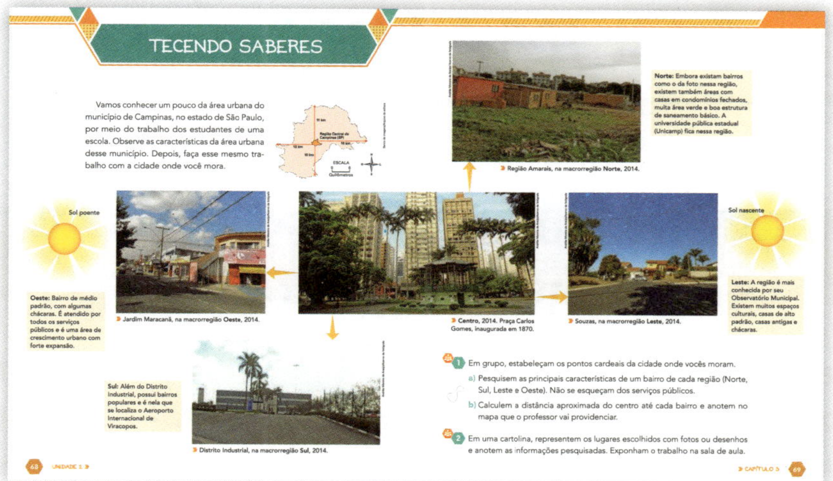

O que estudamos

É o encerramento da unidade de estudo. Aqui você vai trabalhar a escrita, o desenho, o resumo dos temas estudados, além de ver sugestões de livros, filmes e *sites* de pesquisa.

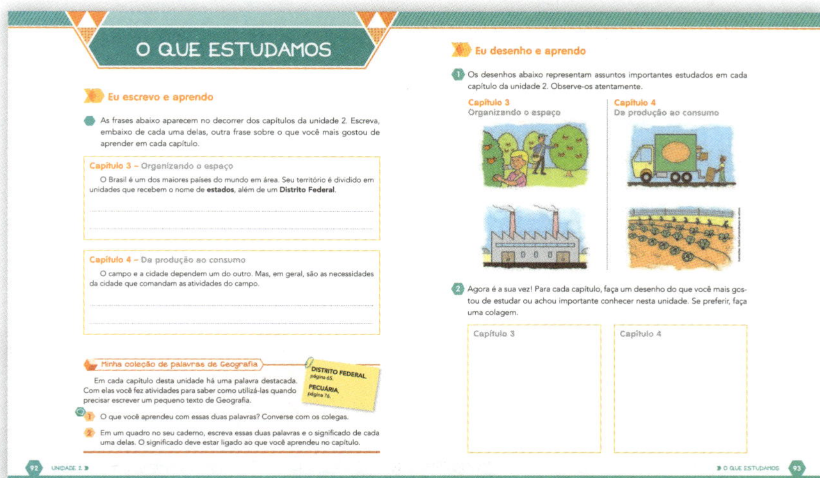

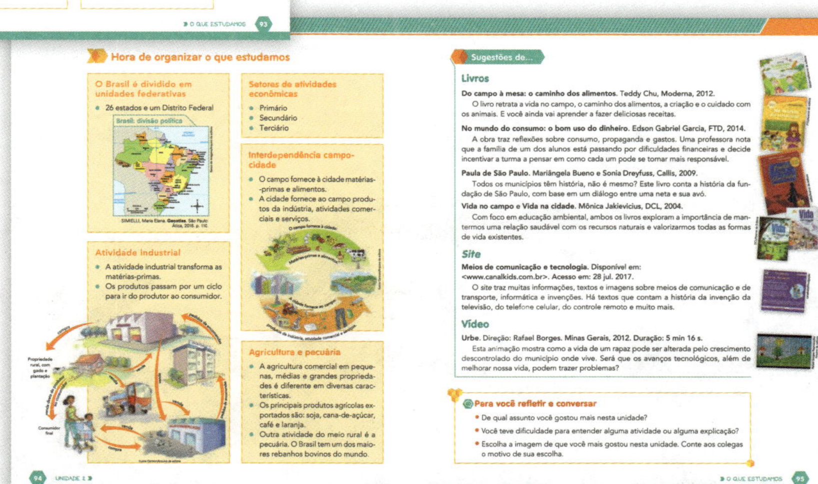

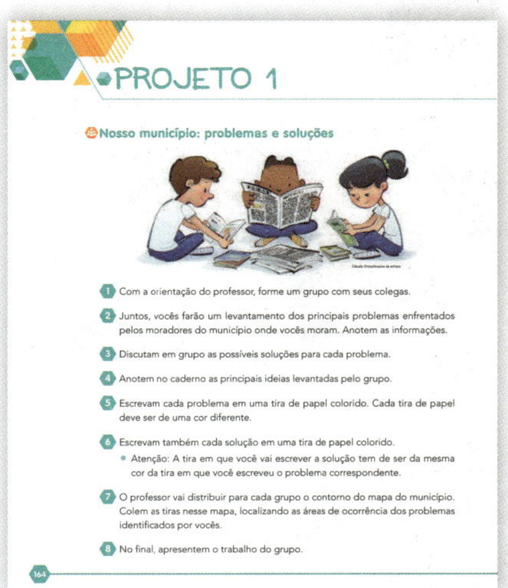

Projeto

Dois temas para você trabalhar em equipe, investigar e pesquisar. Aparecem logo depois da unidade 4.

SUMÁRIO

Carlos Bourdiel/Arquivo da editora

Carlos Bourdiel/Arquivo da editora

Unidade 1

No mundo dos mapas

Carlos Boudel/Arquivo da editora

- Se você também estivesse em um balão, sobrevoando o lugar onde vive, o que veria lá do alto?
- Como você faria para desenhar tudo o que viu?

Capítulo 1

Construindo mapas

Para iniciar

Leia os versos a seguir e observe a imagem.

Geografia

Geografia é onde o rio está.
Onde o município está.
É para onde vem o Sol.
É para onde vai o Sol.
Este rio para onde vai?

Geografia é a divisão das águas.
É igarapé, igapó, lago, açude, mar.
É a medição da terra, a demarcação.
É fotografia, desenho, cor, é um mapa.
[...]

A definição das palavras destacadas está no **Glossário**, página 166.

KAXINAWÁ, Paulo Siã. **Geografia indígena**. Rio Branco: Comissão Pró-Índio do Acre. Disponível em: <www.indiosonline.net/>. Acesso em: 14 jul. 2017.

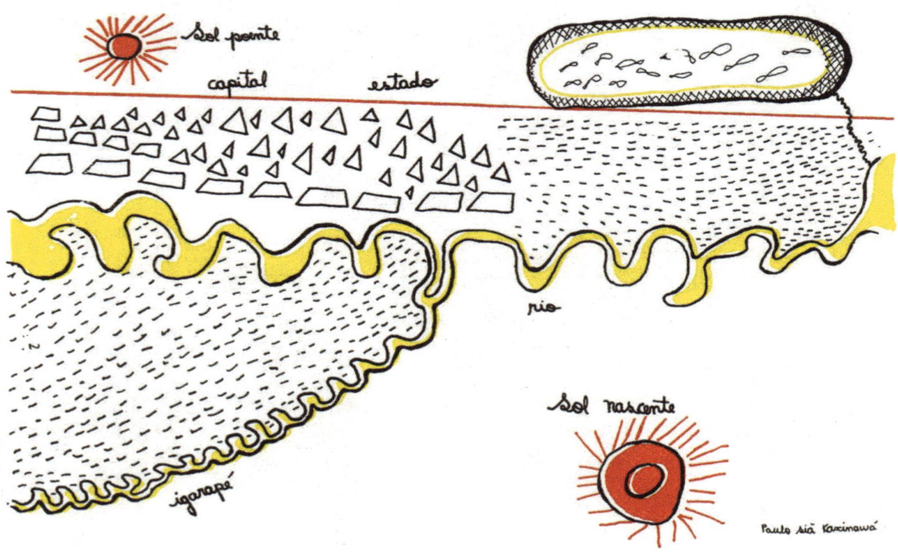

Paulo Siã Kaxinawá/Acervo Comissão Pró-Índio do Acre

1. No poema, Paulo Siã Kaxinawá diz o que é Geografia para ele. E para você, o que é Geografia? O que ela estuda?

2. Podemos dizer que a Geografia é também descobrir e aprender o que tem um mapa? Por quê?

Imagens e mapas

Podemos representar um objeto ou uma paisagem de diferentes formas, dependendo do ponto de vista com que os observamos. Veja os desenhos abaixo.

Ilustrações: Ilustra Cartoon/Arquivo da editora

A representação de um lugar pode ser feita de várias formas. As representações abaixo são de partes do município do Recife, no estado de Pernambuco. Elas foram feitas por um desenhista, um pintor e um fotógrafo, respectivamente.

João Teixeira Albernaz/Instituto Histórico Geográfico Brasileiro, Rio de Janeiro, RJ.

Recife e Olinda, de Nestor Goulart Reis, 1626.

Emil Bauch/Museu Histórico e Diplomático - Palácio Itamaraty, Rio de Janeiro, RJ.

Porto de Recife, de Emil Bauch, século XIX (têmpera sobre papel, de 54 cm × 133 cm).

Hans Von Manteuffel/Pulsar Imagens

Foto aérea do Recife, no estado de Pernambuco, 2015.

1. Qual imagem está na visão de frente? ______________________

2. Qual imagem está na visão oblíqua? ______________________

3. Quais imagens mostram a parte do município do Recife que está em uma ilha?

____

Podemos fazer representações **diretas**, **indiretas** e **imaginárias**. Vamos conhecer essas diferentes formas de representação?

Representação direta é quando desenhamos o que vemos diante de nossos olhos no espaço real.

Lara mora no Recife, um município do litoral do estado de Pernambuco.

Um dia, sua prima Carolina foi visitá-la e fez um desenho do lugar que visitou.

De onde estava, Carolina viu vários elementos da paisagem, como o Marco Zero e a antiga Ponte Giratória.

O desenho de Carolina é uma forma de representação direta. Observe.

Felix Reiners/Arquivo da editora

- Agora é a sua vez. Escolha um lugar de que você goste em sua cidade. Em uma folha de papel à parte, desenhe esse lugar.

Representação indireta é o desenho feito a partir de uma foto ou de uma pintura. Acompanhe os exemplos a seguir.

A avó de Lara gosta muito de viajar e sempre manda para a menina fotografias dos lugares que visita.

Veja como Lara representou as paisagens das fotos que recebeu da avó. Estas são formas de representação indireta.

Fotografia 1

Vista de Salvador, no estado da Bahia, 2015.

Fotografia 2

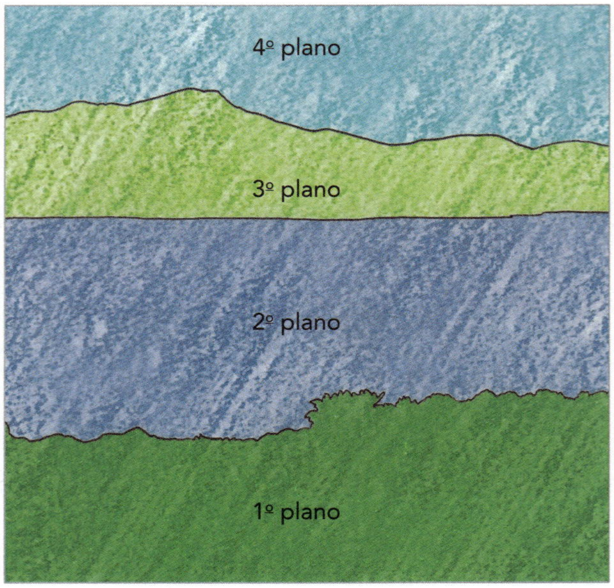

Vista da Lagoa da Conceição, em Florianópolis, no estado de Santa Catarina, 2016.

Fotografia 3

Zig Koch/Pulsar Imagens

Parque Nacional da Chapada dos Veadeiros, em Alto Paraíso de Goiás, no estado de Goiás, 2015.

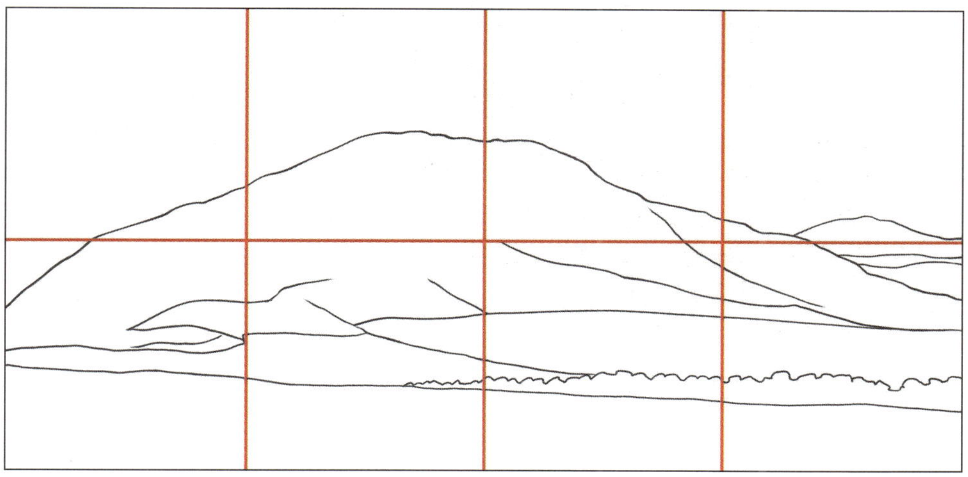

Felix Reiners/Arquivo da editora

Fotografia 4

Foto: Marcos Amend/Pulsar Imagens; Ilustração: Felix Reiners/Arquivo da editora

Comunidade ribeirinha no rio Solimões, em Uarini, no estado do Amazonas, 2015.

Representação imaginária é o desenho da paisagem de um lugar onde nunca estivemos ou que existe apenas na nossa imaginação.

As amigas de Lara fizeram desenhos de lugares que nunca visitaram, mas que têm curiosidade de conhecer. Esses desenhos são representações imaginárias. Veja os exemplos a seguir.

Desenho 1

Geena/Acervo da autora

Desenho 2

Rafaella/Acervo da autora

1 Agora é a sua vez. Imagine um lugar que não existe ou aonde você nunca tenha ido. Desenhe-o no espaço abaixo e mostre à classe.

2 Que elementos foram representados em seu desenho?

- Naturais: ______________________________

____

____

- Culturais: ______________________________

____

____

Desafio

Use a imaginação e seja você o artista.

CP DC Press/Shutterstock

Vista de morro no município do Rio de Janeiro, no estado do Rio de Janeiro, 2016.

1 Observe a imagem acima e indique os elementos que estão representados. Registre-os no quadro abaixo.

Elementos naturais	Elementos culturais

2 Coloque um papel vegetal sobre a foto da página ao lado. Trace linhas separando os planos da paisagem. Pinte cada um deles com uma cor diferente, como Lara fez para representar a fotografia 2. Cole no espaço abaixo.

3 Coloque outro papel vegetal sobre a foto. Complete com desenhos, como Lara fez para representar a fotografia 4. Cole seu desenho abaixo.

4 Que elementos foram representados nas partes que você desenhou?

Agora vamos analisar diferentes formas de representar o lugar em que Lara mora. Foram utilizadas técnicas variadas para fazer diferentes representações em função da finalidade, ou seja, daquilo que se deseja mostrar.

Imagem de satélite

Data SIO, NOAA, U.S. Navy, NGA, GEBCO/TerraMetrics/Google Earth

Imagem de satélite na visão vertical. Recife, no estado de Pernambuco, 2016.

Planta pictórica

Felix Reiners/Arquivo da editora

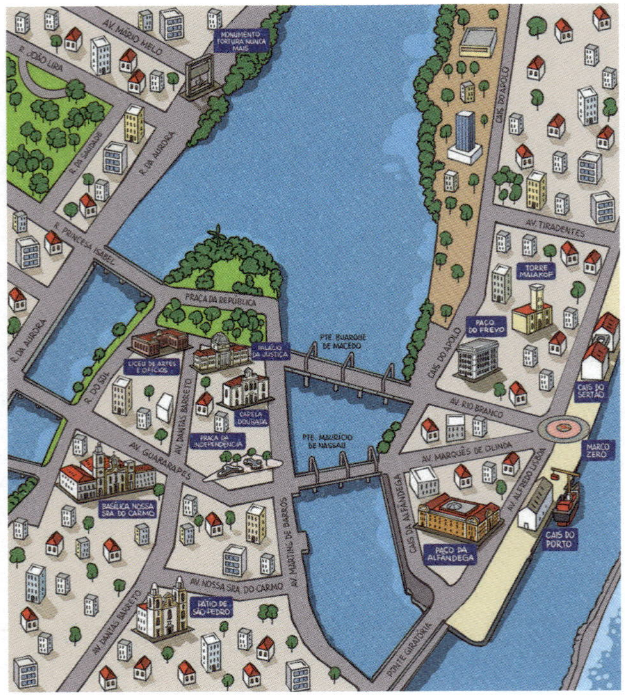

Desenhos das casas, dos prédios, das árvores e de outros elementos parecidos com sua forma real.

1. Como as construções aparecem na foto?

____

____

____

2. Que outros elementos você pode ver nessa foto?

____

____

____

3. Compare a representação do Marco Zero na planta pictórica e na imagem de satélite.

____

____

4. Cite uma diferença entre as duas representações.

____

____

____

Ao observar e comparar essas representações, encontramos algumas semelhanças e muitas diferenças.

Planta

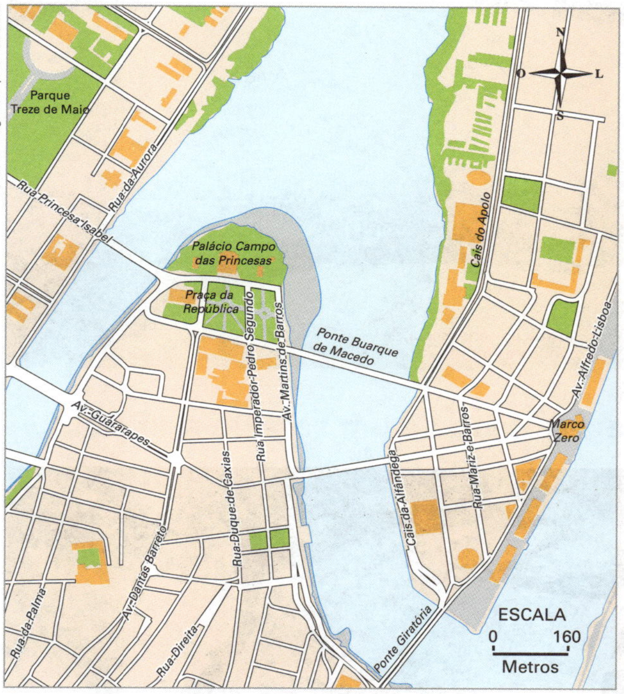

Banco de imagens/Arquivo da editora

› Desenho detalhado das ruas e dos quarteirões, geralmente na visão vertical.

Croqui cartográfico

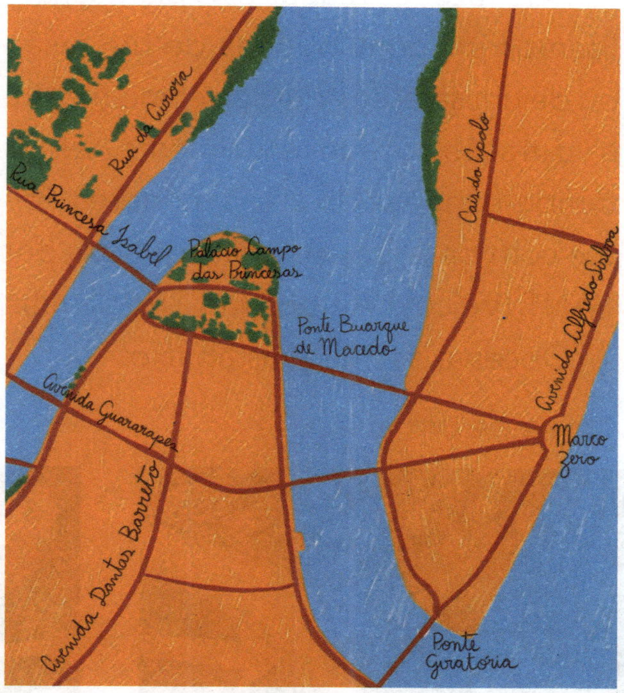

Felix Reiners/Arquivo da editora

› Desenho bem simplificado com os elementos mais importantes do lugar.

5 Anote o nome de duas avenidas do Recife.

___

___

___

6 Que figuras geométricas são mais usadas para representar um quarteirão?

___

___

7 Quais elementos do lugar o autor do croqui considerou importantes?

___

___

___

8 Existe algum elemento que você acha importante, mas que não foi representado no croqui? Qual?

___

___

Da imagem ao mapa

Você sabe como são feitos os mapas e as plantas?

Para fazer os mapas e as plantas, utilizamos imagens obtidas de um avião ou de um satélite artificial, como mostra a ilustração ao lado. Atualmente, temos também mapas de áreas menores, feitos com base em imagens obtidas por VANT (Veículo Aéreo Não Tripulável).

Observe as imagens abaixo.

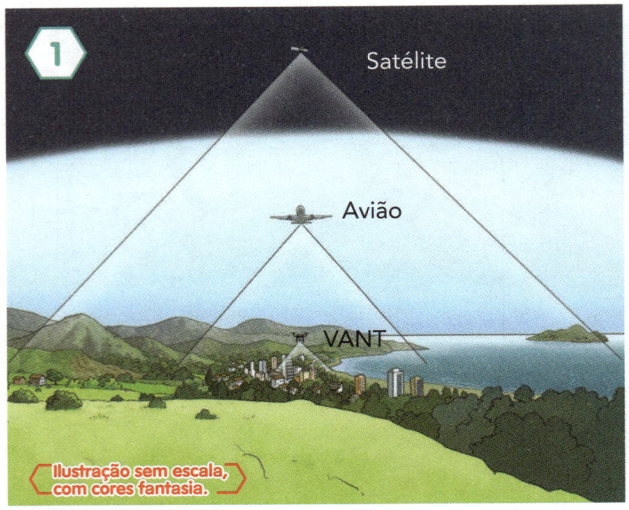

Foto tirada de um avião

Foto aérea do morro dos Barbosas e da ponte Pênsil, em São Vicente, no estado de São Paulo, 2010.

Imagem feita de um satélite artificial

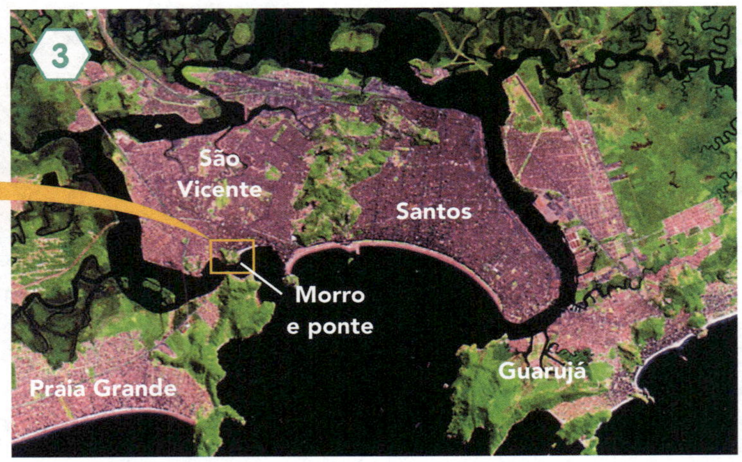

Imagem de satélite da região de Guarujá, Santos, São Vicente e Praia Grande, no estado de São Paulo, 2010.

1 A área maior foi fotografada por um avião ou por um satélite? Por quê?

____

____

2 Observe novamente as imagens 2 e 3, leia as legendas e responda: Em qual das duas imagens você vê mais detalhes (casas, prédios, ruas)? Por quê?

____

____

A planta de um bairro pode ser desenhada a partir de uma imagem de satélite, foto aérea ou mesmo foto de um VANT. No exemplo a seguir, uma pequena parte do bairro foi fotografada e a outra parte foi desenhada em uma planta.

Ilustrações: Ilustra Cartoon/Arquivo da editora

Banco de imagens/Arquivo da editora

WW3/ENGESAT

Vista aérea de Pereiras, no estado de São Paulo, 2017.

Veja que a fotografia é uma continuação do que está representado na planta. Para fazer a planta, o desenhista colocou um papel vegetal sobre a foto e desenhou os elementos.

1. Agora faça você a sua planta. Coloque um pedaço de papel vegetal sobre a imagem acima e fixe-o com fita adesiva.

2. Copie a parte da planta que o desenhista já fez. Depois, desenhe a parte que falta, no lado direito.

3. Cole no espaço abaixo a planta que você fez.

Agora você já aprendeu como se faz a planta de uma área pequena, como uma escola e seus arredores.

E como fazer para mapear uma área grande, como uma cidade, um município, um estado ou um país? Veja estes exemplos.

No Brasil, existe um grande rio chamado Paraná. Observe como esse rio e seu afluente, o rio Iguaçu, aparecem nas imagens e também como são feitas as representações a partir dessas imagens.

Imagem 1 – Feita a partir de um satélite

Fronteira entre Argentina, Brasil e Paraguai, 2016.

Imagem 2 – Feita a partir de um helicóptero

Confluência dos rios Paraná e Iguaçu, na fronteira do Brasil com Argentina e Paraguai, 2014.

1. Os rios Paraná e Iguaçu definem o limite entre três países. Quais são eles?

2. Em qual das duas imagens – de satélite ou de helicóptero – é possível perceber parte da represa de Itaipu? Por quê?

3. Em qual das duas imagens podemos perceber mais detalhes, como construções e árvores? Por quê?

A imagem de satélite abaixo retrata uma área maior, que vai da região metropolitana de São Paulo até a região metropolitana do Rio de Janeiro.

Complexo metropolitano São Paulo-Rio de Janeiro – 2010

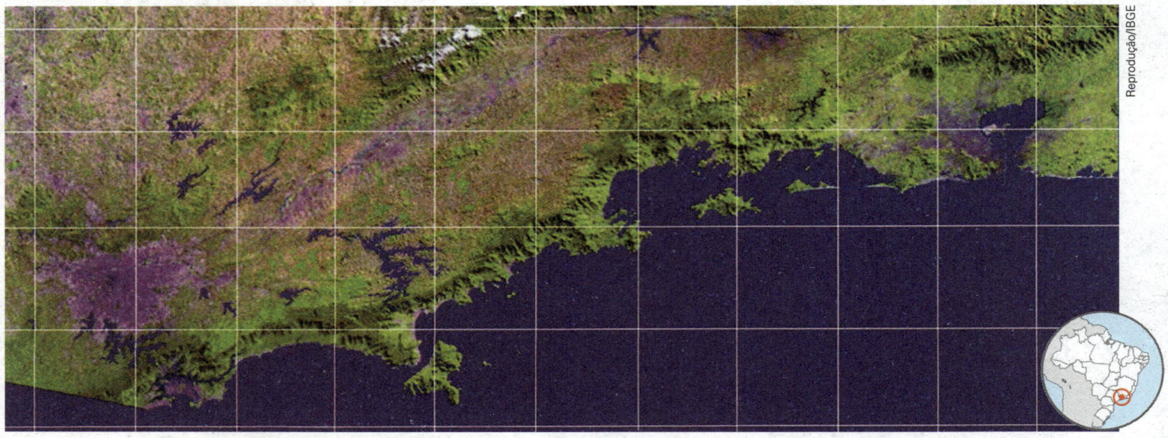

IBGE. **Atlas geográfico escolar**. 7. ed. Rio de Janeiro, 2016. p. 146.

Agora observe o mapa feito a partir da imagem acima.

Complexo metropolitano São Paulo-Rio de Janeiro – 2010

Mapa elaborado pela autora em 2016.
IBGE. **Atlas geográfico escolar**. 7. ed. Rio de Janeiro, 2016. p. 146.

Forme uma dupla com um colega. Juntos, localizem no mapa os lugares indicados no quadro abaixo e anotem nos espaços as quadrículas que mostram a localização de cada um.

Lugar	Barra Mansa	Represa de Paraibuna	Cidade do Rio de Janeiro	Cidade de São Paulo	Serra do Mar
Quadrícula					

Pesquise

A imagem de satélite ao lado mostra o município de Manaus, capital do estado do Amazonas. Nela aparecem também os rios Negro e Solimões, que, ao se unirem, formam o rio Amazonas, o maior rio do Brasil.

Imagem de satélite de Manaus, estado do Amazonas, 2017.

1. Agora você vai fazer o seu mapa.
   a) Coloque um papel vegetal sobre a imagem de satélite e fixe-o com fita adesiva. Depois, faça os contornos da imagem.
   b) Pinte seu mapa e cole-o em uma folha em branco.
2. Pesquise: Manaus está na margem do rio Negro ou na margem do rio Solimões? Na margem direita ou na margem esquerda?

____

Minha coleção de palavras de Geografia

Vimos neste capítulo diferentes formas de representar os lugares. Vamos agora conhecer mais um tipo de representação.

MAPA-MÚNDI

1. Converse com o professor e os colegas sobre o que significa cada uma dessas palavras separadamente e, depois, junte as duas para entender o seu significado.
2. Observe o mapa-múndi ao lado. Veja bem a posição da América do Sul e da África. O que chamou sua atenção?

Mapa-múndi

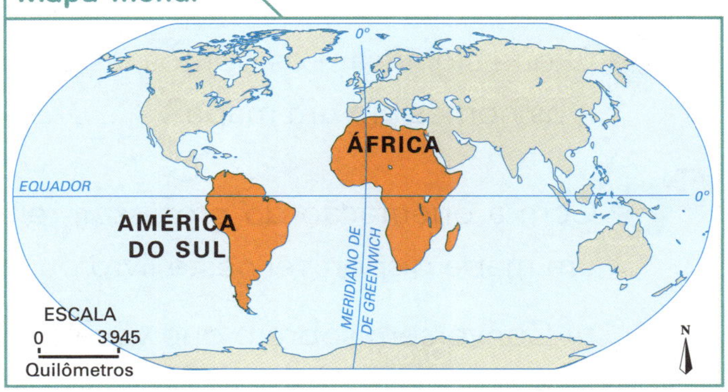

Mapa elaborado pela autora em 2016.

Capítulo 2

Ler e entender mapas

Para iniciar

Leia a história em quadrinhos abaixo.

SCHULZ, Charles M. **Peanuts completo:** 1950 a 1952. Porto Alegre: L&PM, 2009.

1 O que significam os pontos, as cores, as linhas, os quadrados, os números e os nomes em um mapa?

2 Com a orientação do professor, reúnam-se em grupos. Depois, escolham um mapa disponível neste livro ou na sua escola e façam o que se pede.

a) Conversem sobre o que vocês leram nesse mapa.

b) Depois, apresentem o que descobriram para o restante da turma.

O alfabeto cartográfico e a legenda

Você já sabe que a língua portuguesa tem um alfabeto que vai de **a** até **z**. Conhecendo o alfabeto, podemos ler e escrever palavras e frases.

Da mesma forma, para ler e entender um mapa você precisa conhecer duas formas de linguagem: o **alfabeto cartográfico** e a **legenda**.

O alfabeto cartográfico possui três elementos: **linha**, **ponto** e **área**.

Complexo metropolitano São Paulo-Rio de Janeiro – 2010

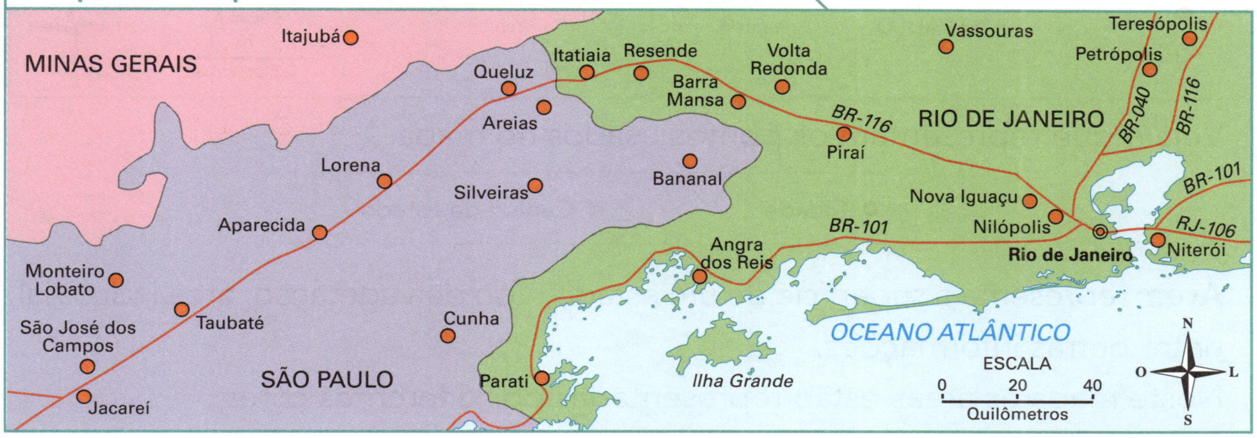

Banco de imagens/Arquivo da editora

Mapa elaborado pela autora em 2016. IBGE. **Atlas geográfico escolar**. 7. ed. Rio de Janeiro, 2016. p. 146.

Vamos separar cada um desses elementos para você entender melhor como eles aparecem nos mapas e o que representam.

- **Linha**: usada para representar rios, contorno de litoral, rodovias, limites de municípios e estados, ferrovias, entre outros.

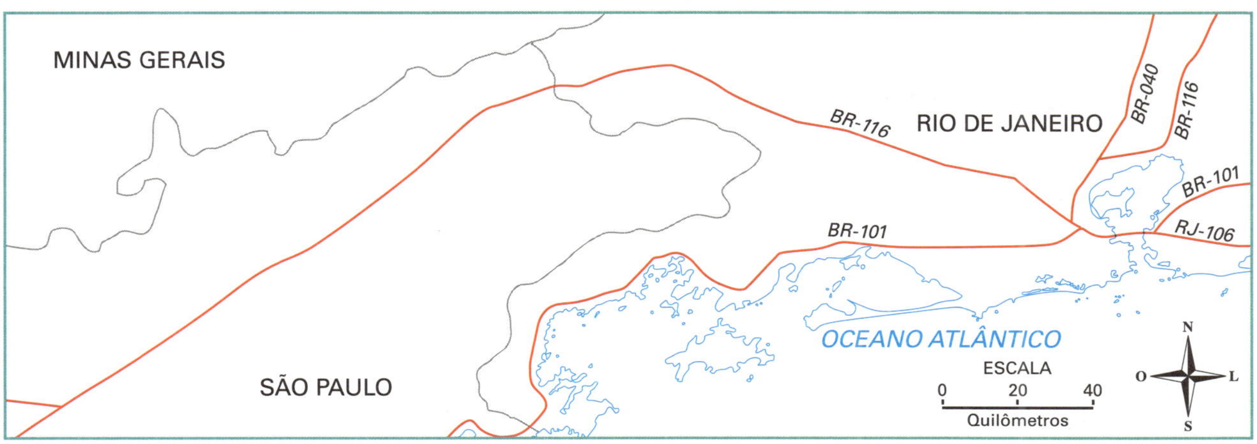

Reprodução/Acervo da autora

Veja o que representam as linhas usadas no mapa acima.

Estradas	Limite de estado	Contorno do litoral

- **Ponto**: usado para representar cidades e capitais de estados, entre outros.

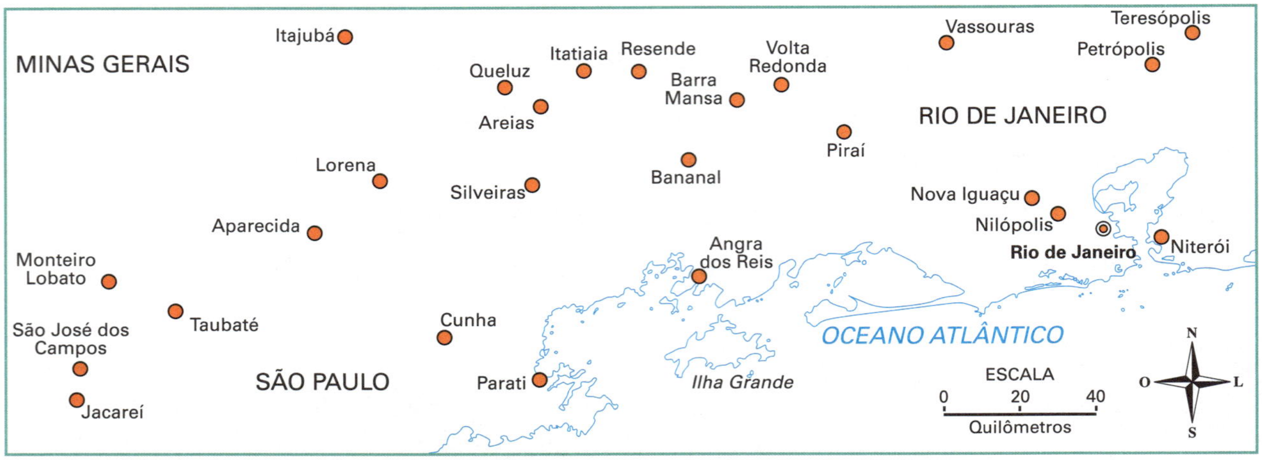

Veja o que representam os pontos usados no mapa.

Cidade	Capital de estado

- **Área**: representa a superfície de um estado, tipo de vegetação, área industrial, entre outras informações.

Neste mapa as áreas estão representadas por diferentes cores.

Vamos ver o que representam as áreas coloridas no mapa.

Estado de São Paulo	Estado de Minas Gerais	Estado do Rio de Janeiro	Oceano Atlântico

1 Observe um mapa do município ou estado onde você vive. Localize nesse mapa os três elementos que você acabou de aprender (linha, ponto e área).

2 Identifique nesse mapa dois lugares que você conhece e indique os elementos utilizados para representá-los.

Como você acabou de estudar, a linha, o ponto e a área representam informações do espaço geográfico.

A **legenda** explica quais são essas informações que aparecem nos mapas. Entenda como é a legenda deste mapa e veja por que ela é importante.

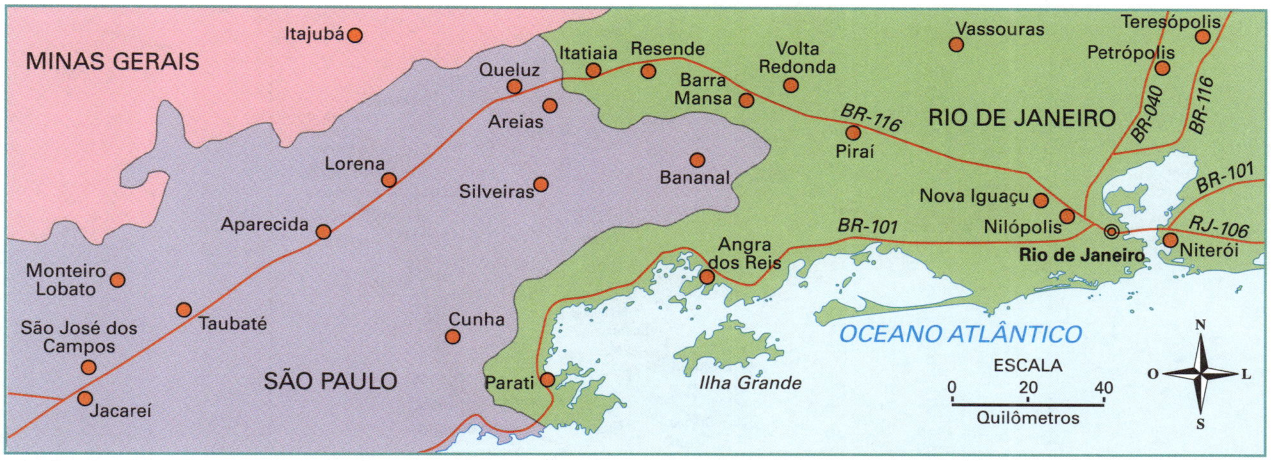

LEGENDA

◉ Capital de estado	Estado de São Paulo
● Cidade	Estado do Rio de Janeiro
Rodovia	Estado de Minas Gerais
Limite de estado	Oceano Atlântico
Contorno do litoral	

1 Escreva como estão representados no mapa:

a) a rodovia BR-116 – ______________________________

b) a cidade de Petrópolis – ______________________________

c) o estado do Rio de Janeiro – ______________________________

2 Responda oralmente.

a) Observe a legenda utilizada para capital de estado. Aparece alguma capital no mapa? Qual?

b) O mapa apresenta trechos de áreas de três estados brasileiros. Quais são eles?

3 Observe este mapa do Brasil e depois responda às questões.

SIMIELLI, Maria Elena. **Geoatlas**. São Paulo: Ática, 2016. p. 110.

a) O que os pontos representam? ______________________

b) Que informações estão representadas pelas linhas? ______________________

____

c) E por áreas? ______________________

4 Agora faça, no espaço abaixo, uma legenda para esse mapa.

5 Anote o nome do estado onde você mora e também o nome da capital dele.

____

6 Anote o nome dos estados que são vizinhos do seu estado.

____

Desafio

Nos mapas pictóricos as informações são representadas por figuras, como você já viu na página 20.

Relembre como são os mapas pictóricos vendo o exemplo abaixo.

Área Indígena de Carapanã

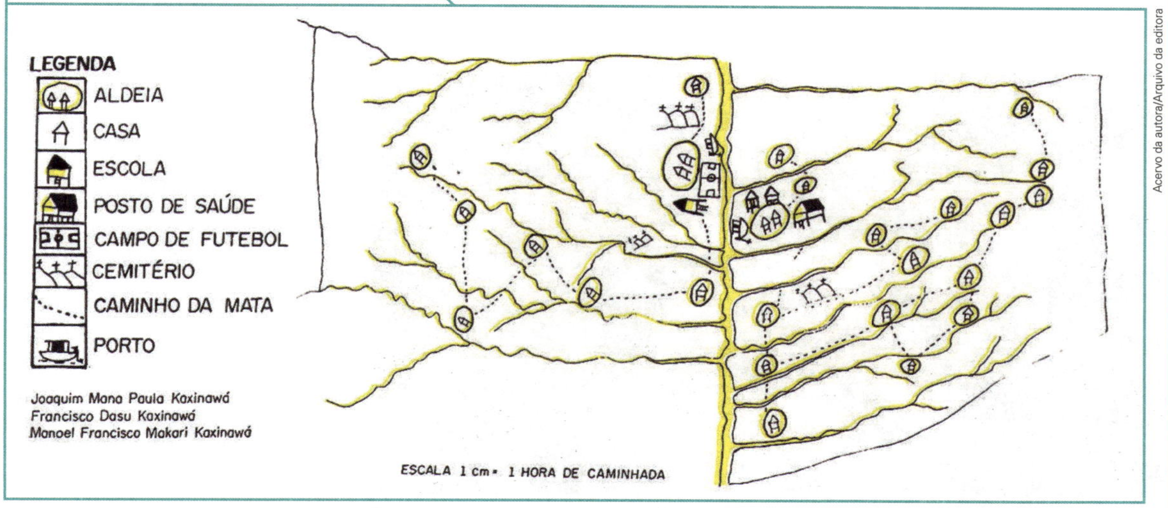

KAXINAWÁ, Joaquim Mana Paula; KAXINAWÁ, Francisco Dasu; KAXINAWÁ, Manoel Francisco Makari. **Geografia indígena**. Rio Branco: Comissão Pró-Índio do Acre, 1992.

1. Nesse mapa as informações principais estão representadas por figuras. De que outra forma você poderia representar essas informações?

2. Com a orientação do professor, reúnam-se em grupos. Elaborem uma nova legenda sem utilizar figuras pictóricas e façam um novo mapa.

Você já viu que para fazer uma planta ou um mapa temos de tomar como base fotos aéreas na visão vertical, imagens de satélite ou imagens de VANT. Depois, escolhemos as informações que são mais importantes nas fotos para representar. Podemos também agrupar os elementos que pertencem a um mesmo conjunto.

Observe as imagens abaixo.

Ricardo Moreira/Fotoarena

Imagem aérea oblíqua tirada por VANT. Pereiras, no estado de São Paulo, 2017.

Ilustra Cartoon/ Arquivo da editora

WV3/ENGESAT

Imagem de satélite na visão vertical. Pereiras, no estado de São Paulo, 2017.

Para fazer a representação dessa imagem na visão vertical, primeiro vamos agrupar os elementos presentes nela: casas, escola, árvores, ruas, entre outros. Depois, faremos o desenho.

Observe abaixo os agrupamentos que podemos fazer para construir a legenda.

Elementos da foto	Características comuns	Cores dos grupos
Casas, escola, piscina, quadra de esportes	Construção	
Árvores, pomar, plantações	Vegetação	
Rua, trilha, caminho	Rua	

A representação ficará assim:

Banco de imagens/Arquivo da editora

LEGENDA

Construção

Vegetação

Rua

1 Agora é a sua vez de fazer uma representação. Observe a imagem abaixo.

Landsat/Copernicus/Google Earth

› **Vista aérea vertical de parte de condomínio em Natal, no estado do Rio Grande do Norte, 2016.**

a) Selecione os elementos que aparecem na imagem acima e agrupe-os de acordo com suas características comuns. Faça as anotações no quadro da página ao lado.

b) Escolha as cores que você vai usar para representar cada um dos grupos.

2 Em uma folha de papel vegetal, faça uma representação da imagem acima. Depois, cole sua representação na página ao lado. Lembre-se de colocar título e legenda.

Elementos da foto	Características comuns	Cores dos grupos

Título: ______________________________

LEGENDA

Saiba mais

O mapa pictórico abaixo mostra aspectos da economia do estado do Paraná, representados por figuras pictóricas.

Paraná: economia – 2013 a 2015

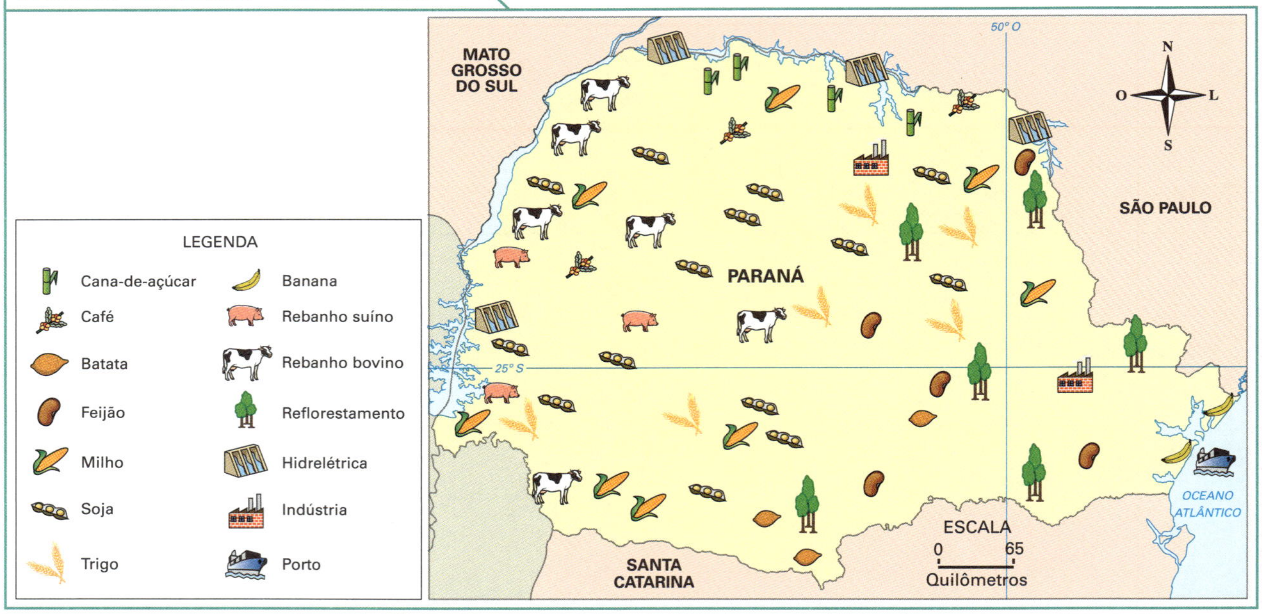

Banco de imagens/Arquivo da editora

Mapa elaborado pela autora em 2017. IBGE. **Atlas geográfico escolar**. Rio de Janeiro, 2016.

Que tal representar essas informações de outra forma? Com o professor, faça agrupamentos e defina uma nova legenda para o mapa.

Paraná: economia – 2013 a 2015

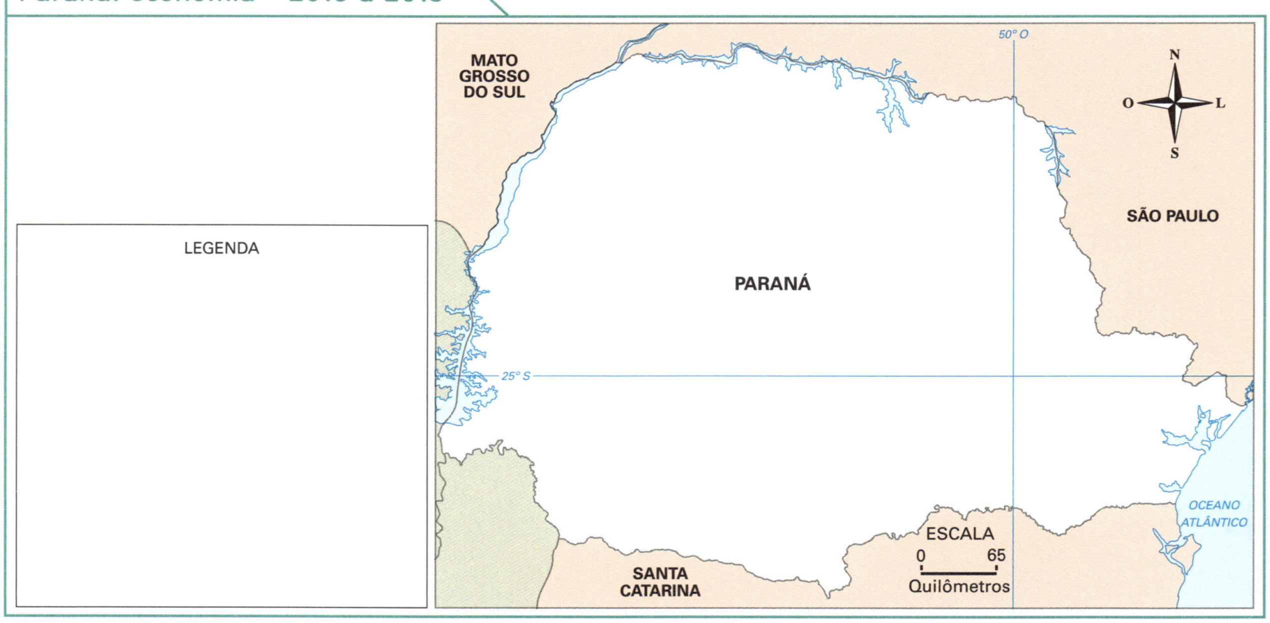

Banco de imagens/Arquivo da editora

Fonte: ______________________________

Orientação geográfica e escala

Você já estudou que para ler e entender um mapa é preciso conhecer o alfabeto cartográfico e entender a legenda. Mas para ler e entender um mapa você também precisa aprender **orientação geográfica** e **escala**.

É importante saber se **localizar** nos lugares. Já pensou no que aconteceria se as pessoas não soubessem se localizar?

Vamos relembrar algumas noções que você provavelmente já conhece.

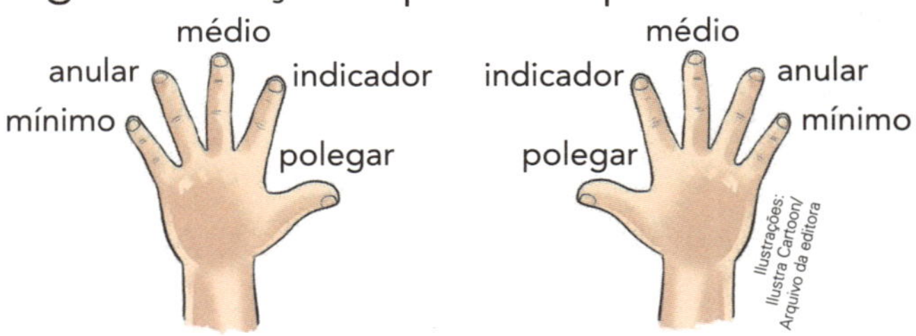

Ilustrações: Ilustra Cartoon/Arquivo da editora

1 Olhe para a sua mão aberta e responda:

a) Qual dedo está entre o polegar e o médio? ____________________

b) Qual está ao lado do dedo mínimo? ____________________

c) Qual está mais longe do polegar? ____________________

2 Agora, faça o mesmo que faz a menina das imagens abaixo.

a) Você está no centro da sala de aula olhando para o fundo. Descreva o que está ao seu redor.

atrás de mim ____________________

à minha direita ____________________

Ilustrações: Cláudio Chiyo/Arquivo da editora

à minha esquerda ____________________

à minha frente ____________________

b) Você continua no centro da sala, mas agora olhando para a lousa. Descreva o que está ao seu redor.

à minha frente ____________________

à minha esquerda ____________________

à minha direita ____________________

atrás de mim ____________________

c) Responda oralmente: As coisas mudaram de lugar? Explique.

Assim também aprendo

frevo: dança folclórica de Pernambuco em que dançarinas e dançarinos seguram uma sombrinha aberta e movimentam-na juntamente com suas pernas e braços.

Esta garota quer ensinar você a dançar **frevo**. Como é muito distraída, não disse se é com a perna direita ou a esquerda que deve fazer o passo. Você é capaz de descobrir? Complete as frases.

1. Dobre um pouco a perna ______________.

2. Apoie o calcanhar da perna ______________ no chão.

3. Cruze a perna ______________ pela frente da perna ____________.

4. Apoie o calcanhar da perna ______________.

5. Cruze a perna ______________ na frente da perna ____________.

Ilustrações: Cláudio Chiyo/Arquivo da editora

6. Apoie o calcanhar da perna ______________. E repita os movimentos nessa sequência.

ARRAIS, Daniela. No passo do frevo. **Folha de S.Paulo**. Folhinha. Disponível em: <http://acervo.folha.com.br>. Acesso em: 17 jul. 2017. (Adaptado.)

3 Observe atentamente esta ilustração para localizar as pessoas. Depois, responda quem está:

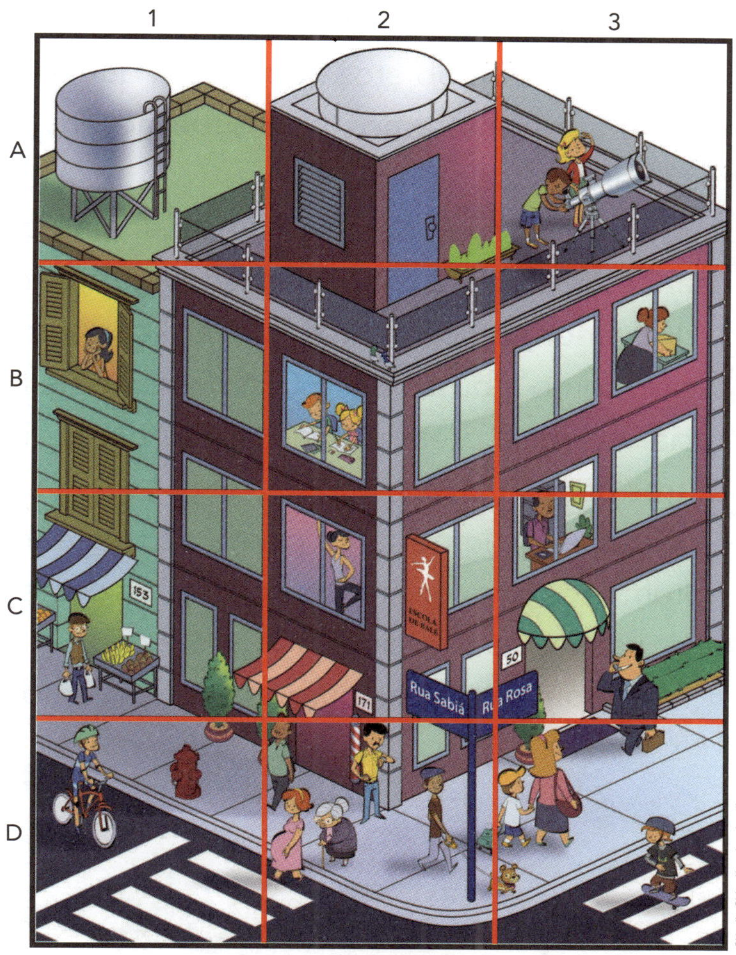

Cláudio Chiyo/Arquivo da editora

a) em frente ao número 153 da rua Sabiá: ______

b) passando atrás da mulher grávida: ______

c) mais perto da porta de entrada do número 50 da rua Rosa: ______

d) do lado esquerdo do menino que está olhando através da **luneta**: ______

> **luneta:** instrumento de observação de objetos distantes.

e) do lado direito da menina que está no segundo andar: ______

f) do lado direito da porta de entrada do prédio número 171 da rua Sabiá: ______

g) na quadrícula D1: ______

h) na quadrícula A3: ______

i) na quadrícula B3: ______

Você fez atividades com os seus dedos para saber o nome e a posição deles. Depois localizou objetos ou pessoas que estavam ao seu redor na sala de aula. Agora, apresentaremos uma situação um pouco mais complicada: Como se localizar em sua cidade?

Como ir de sua cidade até um lugar mais distante? E que pontos de referência usar nesse caso? Qual a **orientação geográfica**?

Há vários equipamentos que facilitam a nossa localização e permitem a orientação, como a bússola e o GPS (Sistema de Posicionamento Global). Eles estão cada vez mais presentes no nosso dia a dia, nos celulares, nos carros, entre outros usos.

O **Sol** é um importante ponto de referência. A partir da posição dele no céu obtemos as direções norte, sul, leste e oeste, que são referências universais, ou seja, usadas no mundo todo.

Veja como fazemos para usar o Sol como referência.

Cláudio Chiyo/Arquivo da editora

Pela manhã – Sol nascente.

Cláudio Chiyo/Arquivo da editora

À tarde – Sol poente.

Como podemos ver nas ilustrações da página ao lado, o braço direito da menina aponta para a direção em que o Sol aparece no horizonte, pela manhã. Lá está o **leste**.

O braço esquerdo aponta para a direção em que o Sol desaparece no horizonte, no fim da tarde. Lá está o **oeste**.

À frente dela está o **norte** e, atrás, o **sul**, como podemos ver na ilustração a seguir.

Cláudio Chiyo/Arquivo da editora

Pela manhã – Sol nascente.

Norte, sul, leste e oeste são os chamados **pontos cardeais**.

Você sabe como os pontos cardeais são representados? Eles são representados por meio de uma figura chamada **rosa dos ventos**.

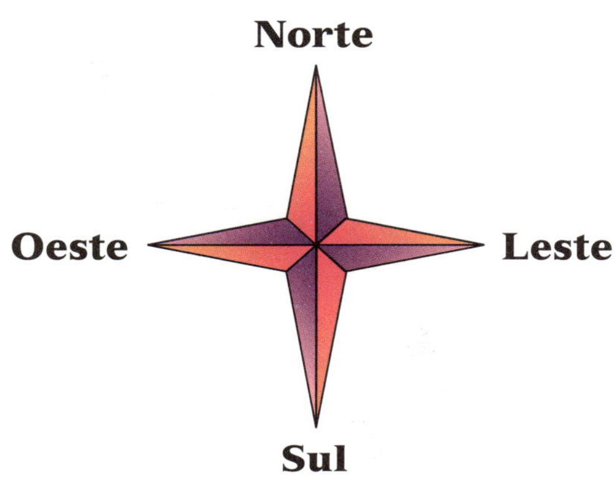

Muitas vezes, usamos abreviaturas para indicar esses pontos.

N – norte; **S** – sul; **L** – leste; **O** – oeste.

TECENDO SABERES

Leia o poema a seguir:

Ponto de vista

Pra se falar de tamanho,
De grande, médio ou pequeno,
Não precisa ser um gênio
Nem precisa ser artista,
É bom apenas lembrar
Que pequeno, médio ou grande
Depende de pontos de vista!

Ilustrações: Ilustra Cartoon/Arquivo da editora

Direção, do mesmo modo,
Muda quando nós mudamos.
A direita vira esquerda
No instante em que viramos!
[...]

À direita vejo um bosque,
À esquerda uma lagoa,
Logo acima vejo o céu,
Sob os pés a terra boa!
[...]

Mas, se viro de repente,
Tudo muda desde o início!
O que está à minha esquerda
À direita está agora,
Tudo ficou diferente,
Tudo girou sem demora!
[...]

E é muito bom que existam
O norte, sul, leste, oeste,
Pois estes, mesmo que eu vire
E troque de posição,
Mesmo que eu dê piruetas,
Dão a exata direção!

São os pontos cardeais
E não se alteram jamais!...

FORJAZ, Sonia Salerno. **Ponto de vista**. São Paulo: Moderna, 1992. p. 20, 22, 25, 26, 30 e 31.

1 Agora você vai escrever o seu poema.

a) Escolha uma posição para ficar e observe o que há à sua esquerda e à sua direita.

b) Depois, mude de posição e observe o que há em cada lado.

c) Escreva em uma folha à parte uma estrofe sobre o que você viu: o seu ponto de vista. Depois, leia para a classe.

2 Agora você vai observar a trajetória do Sol.

a) No início da aula, vá com o professor e os colegas a um lugar, ao ar livre, na escola. Observe onde o Sol está.

b) Indique a "posição" do Sol desenhando uma seta com giz no chão ou sobre um papel pardo esticado no chão. Faça o mesmo com a sombra do seu corpo, indicando a posição com uma seta tracejada.

c) No final da aula, observe novamente onde o Sol e a sua sombra estão e responda: O que aconteceu com eles?

d) Por que se formou uma sombra?

e) O que aconteceu com a sombra no decorrer do dia?

3 Na quadra ou no pátio da escola, aponte seu braço direito na direção em que o Sol aparece e encontre a direção dos pontos cardeais. Depois, com um giz, indique no chão os pontos cardeais e anote o que existe na escola nas direções norte, sul, leste e oeste.

Você já conhece a rosa dos ventos e sabe que ela representa os pontos cardeais.

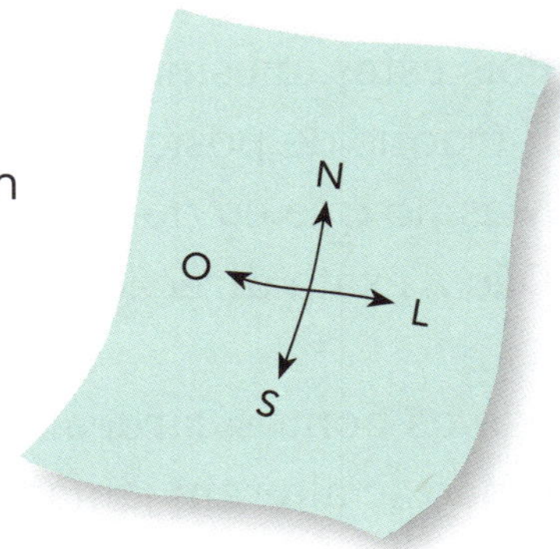

1 Agora, você vai fazer sua própria rosa dos ventos.

a) Em uma folha de papel vegetal, faça dois traços em forma de cruz com setas nas pontas.

b) Indique os pontos cardeais.

c) Recorte a sua rosa dos ventos.

2 Em uma folha de papel, desenhe uma lagoa bem no centro.

a) Coloque sobre a lagoa a rosa dos ventos que você recortou e desenhe:

- uma floresta ao norte;
- uma estrada ao sul;
- casas a leste;
- plantações a oeste.

b) Para terminar, desenhe uma rosa dos ventos no canto da folha.

Desafio

ATENÇÃO !
Realize esta experiência com a supervisão de um adulto.

Você sabia que podemos usar o GPS e a bússola para nos orientarmos à noite e nos dias em que não há Sol?

Que tal construir uma bússola e descobrir como esse instrumento funciona? Para isso, você vai precisar de uma agulha de costura, de um ímã, de um copo com água e de uma rolha. Você vai fazer essa atividade com um adulto.

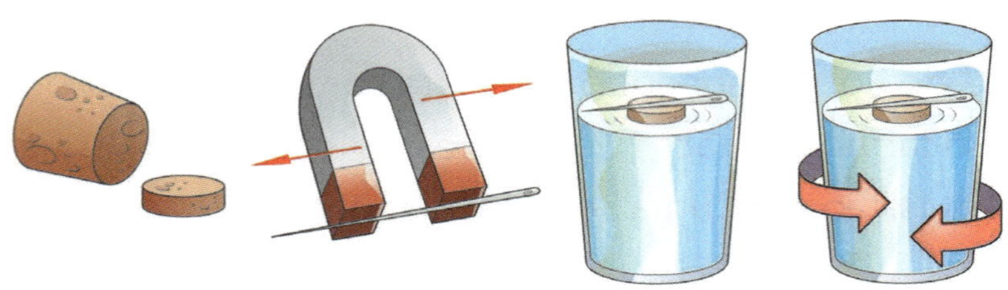

Ilustra Cartoon/Arquivo da editora

Gabor Nemes/kino.com.br

Bússola industrial que permite localizar com precisão qualquer direção.

1. Peça a um adulto que corte uma fatia da rolha para você.
2. Depois, o adulto deverá esfregar o ímã, com cuidado, por toda a agulha.
3. Cole a agulha no meio da rolha e coloque-a no copo com água.
4. Vire o copo para a esquerda e para a direita. Observe que a agulha aponta sempre para o **norte**.

3 Vamos trabalhar agora com um mapa pictórico do Brasil e a rosa dos ventos.

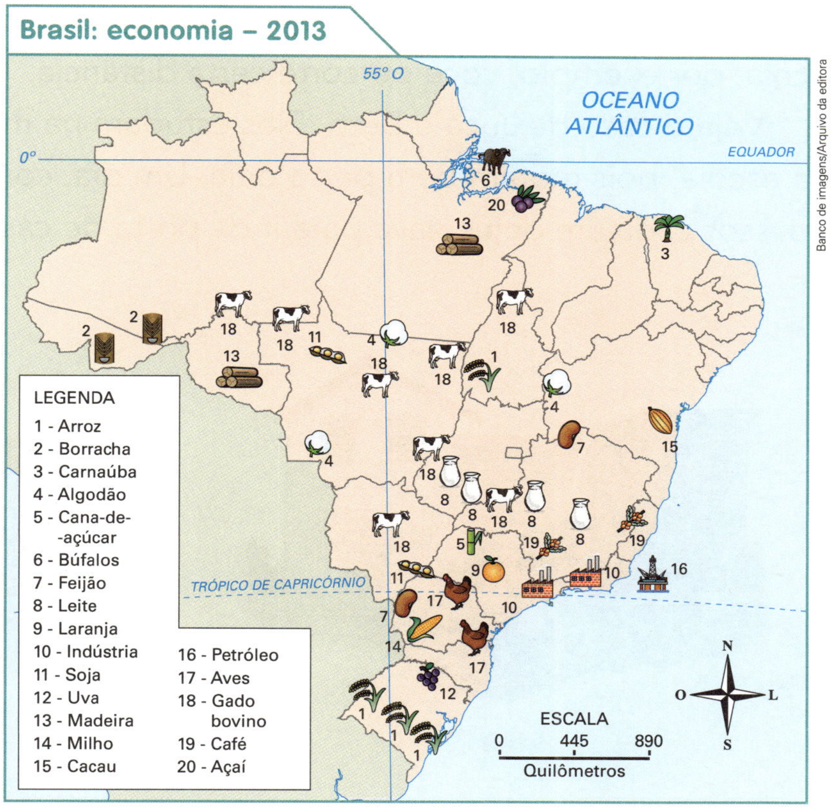

Mapa elaborado pela autora em 2016. IBGE. **Atlas geográfico escolar**: Ensino Fundamental 6º ao 9º ano. 2. ed. Rio de Janeiro, 2010. p. 32-33; IBGE. **Atlas geográfico escolar**. 7. ed. Rio de Janeiro, 2016. p.128-129.

Siga os passos para descobrir a palavra dos quadrinhos. Responda às questões e anote cada letra no quadrinho correspondente.

1	2	3	4	5	6	7	8
		A		Í		I	A

- Onde há extração de petróleo no Brasil? Anote a primeira letra desse ponto cardeal no quadrinho 6.
- Que importante produto agrícola é cultivado no sul e também no oeste do país? Anote a primeira letra do nome desse produto no quadrinho 4.
- Qual é a criação de animais que só aparece no norte do Brasil? Anote a primeira letra do nome desse tipo de criação no quadrinho 1.
- Qual é o produto agrícola mais cultivado no sul? Anote a segunda letra do nome do produto no quadrinho 2.

Minha coleção de palavras de Geografia

O petróleo é um dos produtos da economia brasileira. **PETRÓLEO**

O que é petróleo?

Ao ir de um lugar a outro, percorremos **distâncias**. Para ir de sua casa à escola, por exemplo, você percorre certa distância.

Veja o caso de Juca e Beto. Eles estudam na mesma classe e vão a pé para a escola, pois moram bem perto dela. Um dia, combinaram de contar quantos passos cada um deles dava para ir da porta de casa até o portão da escola.

Juca

Beto

Quando se encontraram, contaram o que descobriram.

Ilustrações: Léo Fanelli/ Arquivo da editora

1 Qual dos dois meninos mora mais longe da escola?

____

2 Como você descobriu isso?

____

____

Vimos Juca e Beto medindo distâncias com passos. Em sua opinião, como poderíamos medir objetos e espaços menores? Veja algumas maneiras de obter essas medidas e depois faça a sua representação.

- O livro está sendo medido com o dedo.

Dotta2/Acervo do fotógrafo

Representação do meu livro
Um dedo equivale a um lado do quadradinho na representação.

- A mesa está sendo medida com o palmo.

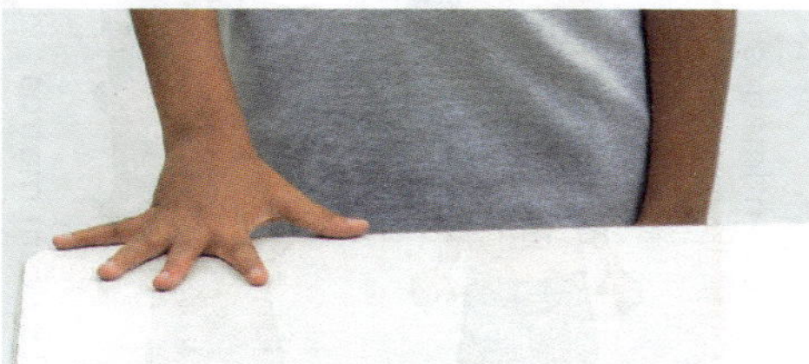

Fernando Favoretto/ Acervo do fotógrafo

Representação da minha mesa
Um palmo equivale a um lado do quadradinho na representação.

- Os lados da sala de aula estão sendo medidos com os pés.

Fernando Favoretto/ Acervo do fotógrafo

Representação da minha sala de aula
Um pé equivale a um lado do quadradinho na representação.

Desafio

Usamos a régua para medir a altura, o comprimento e a largura de vários objetos.

1 Veja os dois barbantes e as duas réguas.

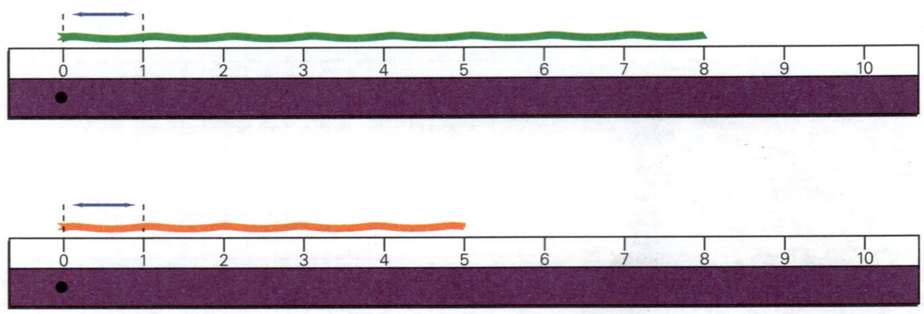

2 Quanto mede o barbante verde? E o laranja?

____

____

3 A altura dessas crianças foi medida em centímetros. Você sabe qual é a sua altura? Vamos medir e anotá-la?

____

____

____

4 Observe o tamanho dos lápis e como eles são representados no gráfico.

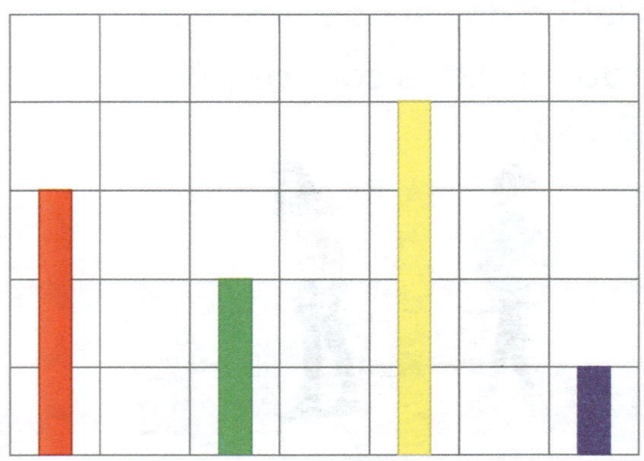

Cada lado de um quadradinho representa 1 centímetro.

Ilustrações: Léo Fanelli/Arquivo da editora

5 Agora, com a régua, você vai medir sua borracha, seu caderno, um lápis e uma caneta. Anote as medidas e represente-as na malha quadriculada.

Lembre-se: 1 lado do quadradinho – 1 cm.

Medidas

a) Borracha: ______

b) Caderno: ______

c) Lápis: ______

d) Caneta: ______

Representação

Borracha

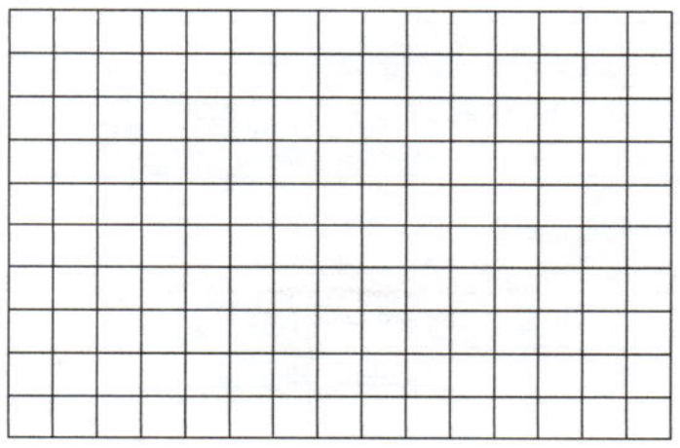

Caderno

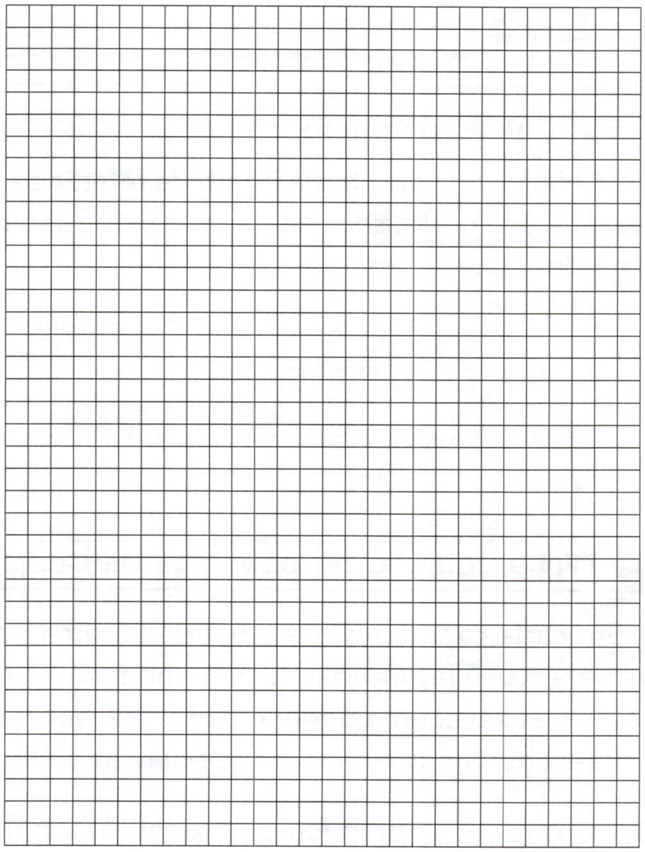

Lápis

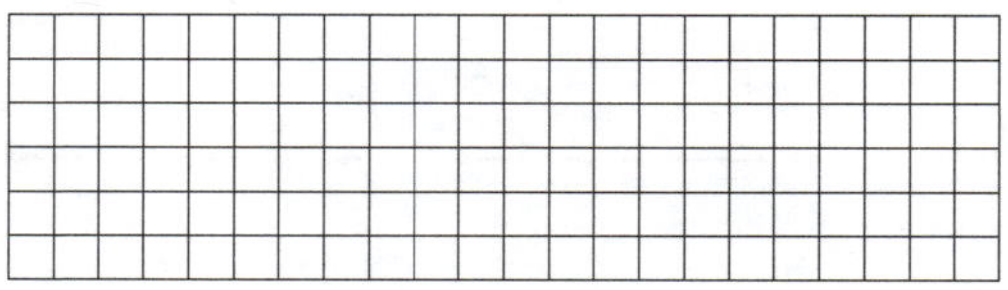

Caneta

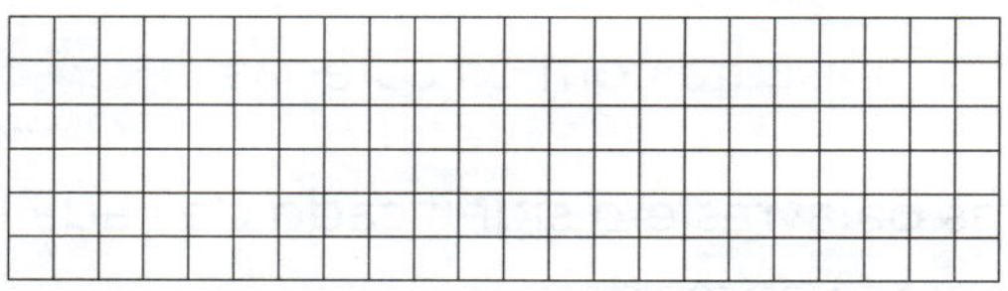

O QUE ESTUDAMOS

Eu escrevo e aprendo

As frases abaixo aparecem nos capítulos da unidade 1. Escreva, embaixo de cada uma delas, outra frase sobre o que você mais gostou de aprender em cada capítulo.

Capítulo 1 – Construindo mapas

Para fazer os mapas e as plantas, utilizamos imagens obtidas de um avião ou de um satélite artificial.

____

____

Capítulo 2 – Ler e entender mapas

O Sol é um importante ponto de referência. A partir da posição dele no céu obtemos as direções norte, sul, leste e oeste, que são referências universais, ou seja, usadas no mundo todo.

____

____

Minha coleção de palavras de Geografia

Em cada capítulo desta unidade há uma palavra destacada. Com elas você fez atividades para saber como utilizá-las quando precisar escrever um pequeno texto de Geografia. Você vai agora preencher um quadro com as palavras ao lado.

MAPA-MÚNDI, página 27.

PETRÓLEO, página 47.

1. O que você aprendeu com essas duas palavras? Discuta com os colegas.
2. Em um quadro no caderno, escreva essas duas palavras e o significado de cada uma delas. O significado deve estar ligado ao que você aprendeu no capítulo.

Eu desenho e aprendo

1 Os desenhos abaixo representam assuntos importantes estudados em cada capítulo da unidade 1. Observe-os atentamente.

Capítulo 1
Construindo mapas

Capítulo 2
Ler e entender mapas

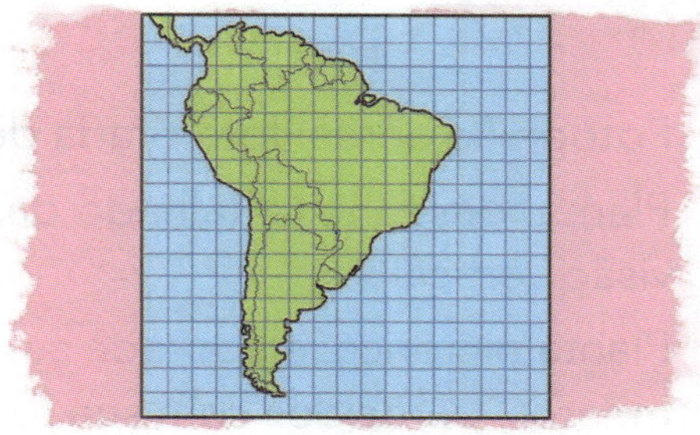

Ilustrações: Ilustra Cartoon/Arquivo da editora

2 Agora é a sua vez! Para cada capítulo, faça um desenho do que você mais gostou de estudar ou achou importante conhecer nesta unidade. Se preferir, faça uma colagem.

Capítulo 1	Capítulo 2

Hora de organizar o que estudamos

Diferentes visões

- De frente
- Oblíqua
- Vertical

Ilustrações: Ilustra Cartoon/Arquivo da editora

Representações gráficas

- Direta: quando desenhamos o que vemos à nossa frente no espaço real
- Indireta: quando desenhamos com base em uma foto ou uma pintura
- Imaginária: quando desenhamos a paisagem de um lugar onde nunca estivemos ou que existe apenas na nossa imaginação

Diferentes tipos de representação

- Fotografia aérea: foto tirada de um avião ou VANT na visão vertical
- Planta: desenho detalhado das ruas e dos quarteirões da cidade, geralmente na visão vertical
- Planta pictórica: elaborada com desenhos de casas, prédios, árvores e outros elementos, parecidos com sua forma na realidade
- Croqui cartográfico: desenho simplificado que representa os elementos mais importantes do lugar

Mapas

- São elaborados geralmente com base em imagens de satélite ou imagens feitas de um avião

Félix Reiners/Arquivo da editora

- Na elaboração de mapas utilizamos um alfabeto cartográfico, composto de linhas, pontos e áreas

LEGENDA

◎	Capital de estado	▢	Estado de São Paulo
●	Cidade	▢	Estado do Rio de Janeiro
—	Estrada	▢	Estado de Minas Gerais
—	Limite de estado	▢	Oceano Atlântico
—	Contorno do litoral		

Orientação

- Para nos orientar podemos usar o Sol, a bússola e o GPS
- Os pontos cardeais são: norte, sul, leste e oeste

Sugestões de...

Livros

Mapas & bandeiras. Natalie Hughes, Queen Books, 2015.

Brinque com uma série de mapas sobre as mais diversas partes do mundo! Além de praticar a leitura de mapas, nesta obra você pode conhecer curiosidades e pontos turísticos de cada local representado.

Queen Books/Acervo da editora

Mapas e mapeamento. Deborah Chancellor, Ciranda Cultural, 2011.

Numa linguagem acessível para crianças, o livro mostra como os estudiosos elaboram mapas. Você também vai observar imagens do planeta Terra feitas por um satélite e vai até confeccionar um mapa do tesouro.

Ciranda Cultural/Acervo da editora

Minha mão é uma régua. Kim Seong-Eun, Callis, 2009.

Um livro para refletir sobre medidas e medições. Uma menina muito curiosa percebe que consegue usar a própria mão para medir o comprimento de seus braços e a largura de seus ombros no momento em que sua mãe está fazendo um vestido novo. Desse modo, ela percebe que consegue usar diferentes partes de seu corpo para medir objetos e ambientes.

Editora Callis/Acervo da editora

O mais sensacional atlas do mundo todo. Simon Adams, Companhia das Letrinhas, 2010.

Com esta obra você vai conhecer diversos tipos de mapas. Há mapas de países do mundo todo e curiosidades sobre os povos, os costumes, o ambiente e o clima de cada local.

Cia. das Letras/Acervo da editora

Site

IBGE (7 a 12 anos). Disponível em: <http://7a12.ibge.gov.br/>. Acesso em: 17 jul. 2017.

Esta é a área do *site* do Instituto Brasileiro de Geografia e Estatística (IBGE) destinada a crianças. Há muitos textos, mapas, imagens e informações sobre o Brasil. Na seção "Brincadeiras", por exemplo, você pode aprender mais sobre Geografia montando alguns mapas em formato de quebra-cabeça.

IBGE

Para você refletir e conversar

- De qual assunto você gostou mais nesta unidade?
- Você teve dificuldade para entender alguma atividade ou explicação?
- Escolha a imagem de que você mais gostou nesta unidade. Conte aos colegas o motivo de sua escolha.

Unidade 2

A interdependência campo-cidade

Carlos Bourdiel/Arquivo da editora

- O que o campo fornece à cidade?
- E o que a cidade oferece ao campo?
- E no seu município, o que a cidade oferece ao campo?

Capítulo 3

Organizando o espaço

Para iniciar

Leia a história em quadrinhos abaixo.

Newtoon Foot/Arquivo da editora

1. E você, o que quer ser quando crescer?

2. Existem várias profissões. Cite algumas delas e explique o que cada um desses profissionais faz.

3. Quais dos profissionais citados trabalham no campo?

Os grupos sociais e o trabalho

As diferentes profissões utilizam ferramentas e conhecimentos específicos. O agricultor, por exemplo, conhece os solos, técnicas de plantio e utiliza ferramentas como o trator e o arado, entre outros. Por meio da tecnologia e do trabalho os seres humanos mudam o espaço em que vivem.

As profissões geralmente estão ligadas às atividades econômicas. Existem diferentes atividades econômicas que utilizam conjuntos de conhecimentos próprios.

As atividades econômicas estão agrupadas em setores, como vemos a seguir.

Atividades ligadas à agricultura, à pecuária e ao extrativismo.

João Prudente/Pulsar Imagens

Setor primário

Plantação de café na área rural de Jacutinga, no estado de Minas Gerais, 2014.

As pessoas que trabalham nessas atividades estão principalmente no campo.

Atividades de transformação de matéria-prima em produtos, mercadorias ou bens de consumo.

Rodolfo Buhrer/La Imagem/Fotoarena

Setor secundário

Linha de produção em São José dos Pinhais, no estado do Paraná, 2015.

Muitas das atividades industriais são realizadas na cidade.

Atividades de comércio e prestação de serviços (escolas, hotéis, hospitais, bancos, etc.).

AeC/Acervo da companhia

Setor terciário

Centro de teleatendimento de empresa terceirizada em São Paulo, no estado de São Paulo, 2015.

As pessoas que trabalham nessas atividades estão principalmente na cidade.

1 Com um colega, identifique na ilustração os diferentes setores da economia. Depois, preencham o quadro abaixo.

Ilustra Cartoon/Arquivo da editora

1. Plantação		**4. Banco**	
2. Escola		**5. Fábrica de biscoitos**	
3. Posto de saúde		**6. Pasto com gado**	

2 Retome as profissões citadas na atividade 2 da página 58 e anote a quais setores pertecem.

Setor primário	Setor secundário	Setor terciário

3 Agora, com o professor e os colegas, discuta exemplos de atividades econômicas desenvolvidas no lugar onde você mora. Depois, escreva uma frase para cada setor.

a) Primário: ______

b) Secundário: ______

c) Terciário: ______

4 Procure duas fotos em jornais e revistas ou faça dois desenhos que mostrem pessoas em alguma atividade profissional. Cole cada foto ou desenho nos quadros abaixo e crie um pequeno texto falando sobre a atividade representada e o setor a que pertence.

______________________ ______________________ ______________________ ______________________ ______________________ ______________________ ______________________	______________________ ______________________ ______________________ ______________________ ______________________ ______________________ ______________________

- Que atividade econômica predomina no seu município?

____

____

5 Leia o texto a seguir.

A vila do Coroatá

Para quem já tinha viajado pelo mundo, a vila do Coroatá devia ser feia, atrasada e pobre. Mas para mim, que tinha vindo da pequenice do povoado, foi um verdadeiro **deslumbramento**.

As quatro ou cinco ruas, com a maioria de casas de telha; os três ou quatro sobradinhos; as casas comerciais, sempre cheias de mercadorias e de gente; as missas aos domingos; a banda de música de dez figuras; as procissões de raro em raro, eram novidades que me deixaram maravilhado.

CORREA, Viriato. **Cazuza**. São Paulo: Companhia Editora Nacional, 2010. p. 73.

deslumbramento: estado de encantamento e admiração.

a) Responda:

- Por que o personagem do texto ficou deslumbrado com a vila?

___

___

___

- Que motivos podem ter levado o personagem e sua família a sair do povoado e mudar-se para a vila do Coroatá?

___

___

___

- Quais atividades econômicas poderiam ser realizadas no povoado de onde vinha o personagem que chegou à vila do Coroatá?

___

___

- Qual é a atividade econômica realizada na pequena vila citada no texto?

___

b) Desenhe no quadro da página ao lado a vila do Coroatá com as características descritas no texto. Depois, faça uma legenda para descrever as diferentes construções e as atividades realizadas na vila.

Vila do Coroatá

c) Imagine que o tempo passou e que as pessoas, com trabalho e tecnologia, transformaram a vila do Coroatá em uma cidade industrial. Escreva o nome de algumas novas atividades econômicas que, em sua opinião, surgiram na cidade.

Pesquise

Nos municípios temos os **serviços públicos** que atendem à população. Na cidade onde você mora há alguns tipos de serviços públicos.

1. Pesquise os principais serviços públicos criados para atender à população da cidade onde você mora. Verifique essas informações na internet, em jornais ou na prefeitura.
2. Com o auxílio do professor, faça uma lista na lousa com os serviços que você e seus colegas pesquisaram. Procure saber:
   a) da lista feita na lousa, quais serviços públicos existem em sua cidade;
   b) quais serviços faltam;
   c) quais serviços precisam ser melhorados.

Desafio

Com a orientação do professor, você e seus colegas farão um passeio pelos arredores da escola. Para a realização desta atividade, siga as etapas a seguir. Não esqueça de levar o caderno.

1. Observe atentamente os elementos naturais e culturais da paisagem e sua localização.
2. Anote tudo o que você observar durante o percurso.
3. Na sala de aula, forme um grupo com os colegas. Construam uma maquete do trajeto percorrido, representando nela os elementos observados durante o passeio. Usem material reciclável para a confecção da maquete.
4. Lembrem-se de colocar na maquete os serviços públicos observados (hospitais, escolas, creches, etc.).
5. Quando a maquete estiver pronta, observem-na de cima para baixo (visão vertical). Façam então sua representação numa folha de papel avulsa.
6. Apresentem o trabalho para os demais colegas de classe.

Cláudio Chiyo/Arquivo da editora

As unidades político-administrativas

O Brasil é um dos maiores países do mundo em área. Seu território é dividido em unidades que recebem o nome de **estados**, além de um **Distrito Federal**. Observe o mapa a seguir.

Brasil: divisão política

SIMIELLI, Maria Elena. **Geoatlas**. São Paulo: Ática, 2013. p. 110.

1. Quantos estados o Brasil possui? ______

2. Faça o que se pede no mapa acima.

   a) Pinte de **vermelho** o estado onde você vive e escreva o nome da capital dele.

   b) Pinte de **verde** três estados dos quais você já ouviu falar ou que já visitou. Escreva o nome das capitais desses estados no mapa.

Minha coleção de palavras de Geografia

Vimos neste capítulo que o território brasileiro possui 26 estados e um **Distrito Federal**.

DISTRITO FEDERAL

1. O que é Distrito Federal?

2. Cite o nome de um estado que faz fronteira com o Distrito Federal e é situado a oeste dessa unidade da Federação.

Os estados, por sua vez, são divididos em unidades menores, que recebem o nome de **municípios**. No Brasil, há mais de 5 mil municípios.

Observe os mapas abaixo.

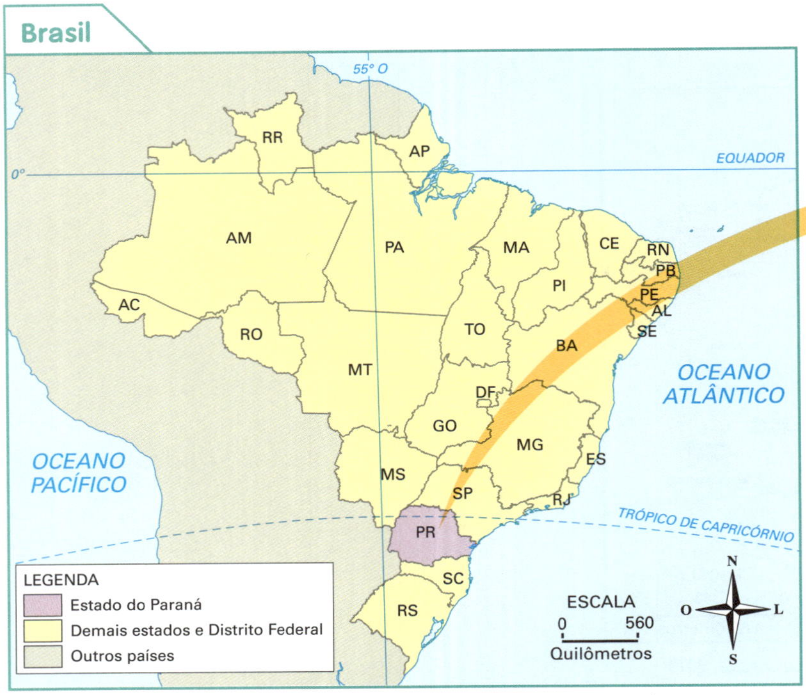

SIMIELLI, Maria Elena. **Geoatlas**. São Paulo: Ática, 2013. p. 110.

IBGE Cidades. Disponível em: <https://cidades.ibge.gov.br/>. Acesso em: 20 jul. 2017.

Mapas: Banco de imagens/Arquivo da editora

A divisão político-administrativa do Brasil é composta de Distrito Federal, estados, municípios e distritos. Como a divisão em distritos não é compatível com a escala do mapa de município, destacaremos apenas as áreas urbana e rural.

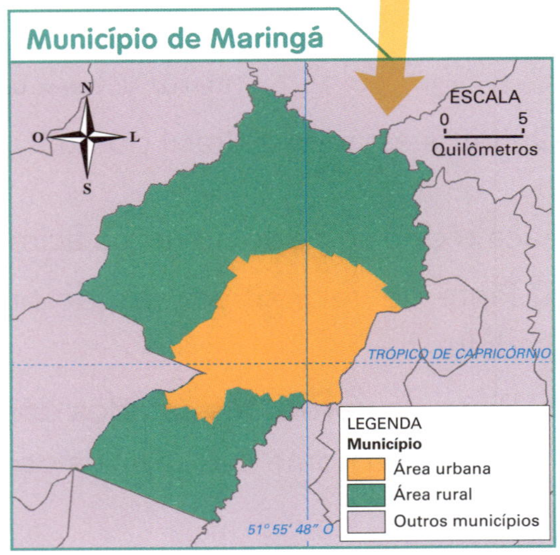

Portal **GeoMaringá**. Disponível em: <http://geoproc.maringa.pr.gov.br/>. Acesso em: 20 jul. 2017.

1 Que estado e que município aparecem em destaque nos mapas acima?

____

2 O município de Maringá é dividido em duas áreas. Que áreas são essas? Qual delas é a maior?

____

____

Em geral, os municípios são divididos em duas áreas: a **área urbana** e a **área rural**. Observe os mapas e as fotos.

Lim Martins/Pulsar Imagens

Área urbana na Zona Oeste do município de São Paulo, em 2014.

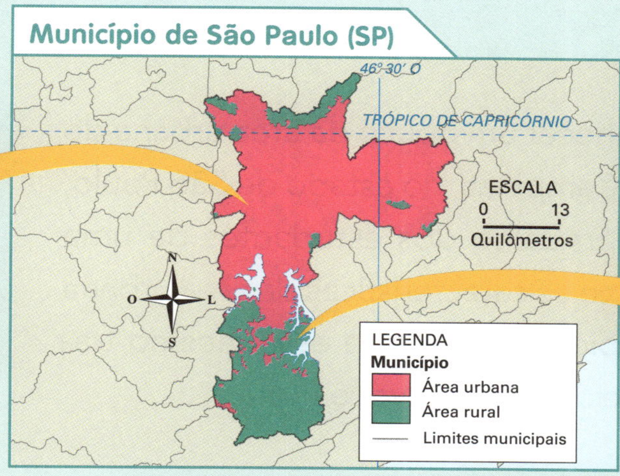

Banco de imagens/Arquivo da editora

SECRETARIA Municipal de Desenvolvimento Urbano. **Plano Diretor Estratégico do Município de São Paulo**. Diário Oficial. 1º ago. 2014. p. 20.

Fabio Colombini/Acervo do fotógrafo

Área rural em Parelheiros, no município de São Paulo, em 2017.

Rômulo Dawid/Fotoarena

Área urbana do município de Pereiras, no estado de São Paulo, 2016.

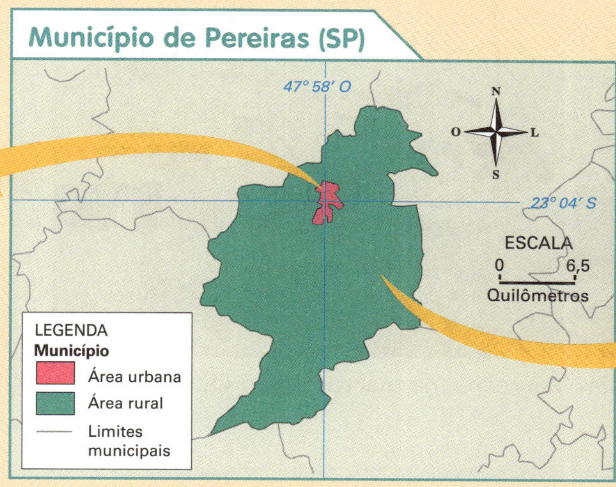

Banco de imagens/Arquivo da editora

IBGE Cidades. Disponível em: <http://cidades.ibge.gov.br/>. Acesso em: 21 jul. 2017.

Rômulo Dawid/Fotoarena

Área rural do município de Pereiras, no estado de São Paulo, 2016.

1. Compare as áreas urbana e rural dos dois municípios representados.

2. Em sua opinião, que setor de atividade econômica deve predominar em cada um dos municípios?

____

____

TECENDO SABERES

Vamos conhecer um pouco da área urbana do município de Campinas, no estado de São Paulo, por meio do trabalho dos estudantes de uma escola. Observe as características da área urbana desse município. Depois, faça esse mesmo trabalho com a cidade onde você mora.

Banco de imagens/Arquivo da editora

Andréa Moreira de Araújo/Acervo da fotógrafa

Jardim Maracanã, na macrorregião **Oeste**, 2014.

Oeste: Bairro de médio padrão, com algumas chácaras. É atendido por todos os serviços públicos e é uma área de crescimento urbano com forte expansão.

Sul: Além do Distrito Industrial, possui bairros populares e é nela que se localiza o Aeroporto Internacional de Viracopos.

Andréa Moreira de Araújo/Acervo da fotógrafa

Distrito Industrial, na macrorregião **Sul**, 2014.

Andréa Moreira de Araújo/ Acervo da fotógrafa

Norte: Embora existam bairros como o da foto nessa região, existem também áreas com casas em condomínios fechados, muita área verde e boa estrutura de saneamento básico. A universidade pública estadual (Unicamp) fica nessa região.

› Região Amarais, na macrorregião **Norte**, 2014.

Andréa Moreira de Araújo/Acervo da fotógrafa

› **Centro**, 2014. Praça Carlos Gomes, inaugurada em 1870.

Andréa Moreira de Araújo/Acervo da fotógrafa

› Souzas, na macrorregião **Leste**, 2014.

Sol nascente

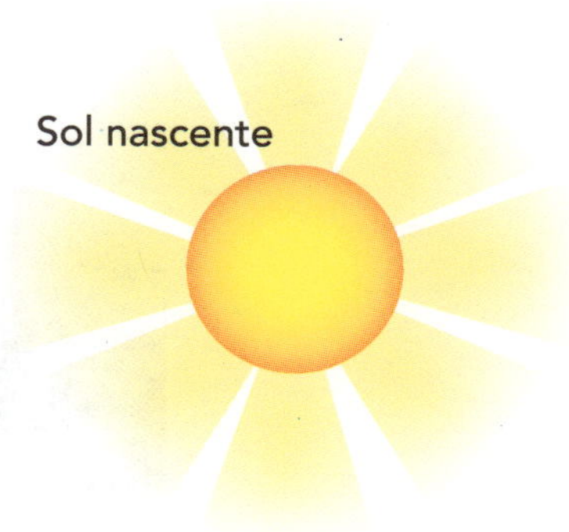

Leste: A região é mais conhecida por seu Observatório Municipal. Existem muitos espaços culturais, casas de alto padrão, casas antigas e chácaras.

1 Em grupo, estabeleçam os pontos cardeais da cidade onde vocês moram.

a) Pesquisem as principais características de um bairro de cada região (Norte, Sul, Leste e Oeste). Não se esqueçam dos serviços públicos.

b) Calculem a distância aproximada do centro até cada bairro e anotem no mapa que o professor vai providenciar.

2 Em uma cartolina, representem os lugares escolhidos com fotos ou desenhos e anotem as informações pesquisadas. Exponham o trabalho na sala de aula.

Alguns municípios podem ter como limite uma estrada, um rio, uma serra. Nem sempre, porém, os limites de um município são visíveis na paisagem.

Observe ao lado, por exemplo, o mapa de Maringá e municípios vizinhos.

Algumas vezes o limite entre os municípios ou entre os estados é marcado com sinalizações que podem ser vistas em estradas e ruas, como mostram as fotografias a seguir.

Município de Maringá (PR) e municípios vizinhos

Banco de imagens/Arquivo da editora

Elaborado com base em: IBGE Cidades. Disponível em: <http://cidades.ibge.gov.br/>. Acesso em: 21 jul. 2017.

João Prudente/Pulsar Imagens

Limite entre os municípios de Encruzilhada e Cândido Sales, no estado da Bahia, 2016.

Eliane Neves/Fotoarena

Limite entre os municípios de São Paulo e Osasco, no estado de São Paulo, 2016.

1 Dos municípios representados no mapa, quais têm um elemento visível na paisagem como parte de seus limites? Que elemento é esse?

____

____

2 Você já viu sinalizações como essas das fotos? Onde?

____

____

Tanto a área urbana quanto a área rural estão sob responsabilidade dos governantes dos municípios.

É na área urbana que se localiza a sede do município, onde ficam a Prefeitura e a Câmara Municipal.

Os cargos de prefeito e de vereador são ocupados por representantes eleitos pela população a cada quatro anos.

Veja, a seguir, os poderes responsáveis pela administração do município.

Poder Executivo

Prefeitura: executa as leis.
Prefeito e vice-prefeito: são escolhidos pelo voto do povo.
Secretarias municipais: de Educação, Saúde, Segurança, Transportes, etc.

Poder Legislativo

Câmara Municipal: elabora as leis.
Vereadores: são escolhidos pelo voto do povo.

Ilustrações: Ilustra Cartoon/Arquivo da editora

Poder Judiciário

Juízes: analisam e julgam com base na lei. Não são eleitos pelo voto do povo. Os processos podem ser trabalhistas e criminais, entre outros.

Converse com os colegas e o professor: Como o Poder Executivo e o Poder Legislativo trabalham em conjunto no município?

Saiba mais

Você sabia que cabe à Prefeitura oferecer e manter alguns serviços, como escolas, transporte, limpeza das ruas, postos de saúde, áreas de lazer, entre outros?

Todo cidadão tem **direitos** garantidos por lei: direito a segurança, moradia, educação e saúde.

Os cidadãos também têm **deveres** a cumprir: o dever de obedecer às leis, **preservar** o ambiente, votar e respeitar o patrimônio público.

preservar: proteger.

1. Em seu município, todos os cidadãos têm seus direitos respeitados? Por quê?
2. Todos os cidadãos cumprem seus deveres? Explique.

Pesquise

O território brasileiro é dividido em estados com vários municípios.

Existem áreas do Brasil que são ocupadas pelas populações indígenas e tradicionais, antes mesmo de nosso país ser organizado em estados e municípios. Os povos indígenas e as comunidades quilombolas são exemplos dessas populações.

Para proteger os direitos dessas populações e seu modo de vida, os poderes públicos vêm criando áreas para sua ocupação e utilização.

As Terras Indígenas são territórios legalmente demarcados pelo Estado brasileiro, que tem a obrigação de protegê-las e impedir que sejam ocupadas por não indígenas.

No Brasil, existem hoje quase 900 mil indígenas, distribuídos pelos 26 estados e Distrito Federal. Eles vivem tanto em Terras Indígenas quanto fora dessas terras.

Observe os gráficos abaixo.

Banco de imagens/Arquivo da editora

IBGE. **Censo Demográfico 2010** – Características gerais dos indígenas. Rio de Janeiro, 2012. p. 169.

Banco de imagens/Arquivo da editora

IBGE. **Censo Demográfico 2010** – Características gerais dos indígenas. Rio de Janeiro, 2012. p. 169.

1 Pesquise, converse com seus colegas e o professor e responda: O que são Terras Indígenas?

2 Analise os gráficos acima e responda:

a) Quais são os três estados que mais possuem indígenas vivendo em Terras Indígenas?

____

b) No estado onde você vive há mais indígenas vivendo fora ou dentro das Terras Indígenas?

____

As terras quilombolas foram, na sua origem, comunidades criadas pelos negros que fugiam do trabalho forçado e escravizado, buscando sua independência.

Atualmente o Brasil possui 168 comunidades quilombolas tituladas, ou seja, que receberam o título da terra e passaram a ser proprietárias dessas áreas, que ficarão preservadas para futuras gerações e poderão manter seu modo de vida. Essas terras não podem ser vendidas e devem ser utilizadas apenas pela população quilombola.

Observe na tabela a distribuição das terras quilombolas tituladas, por estado.

Terras quilombolas tituladas

UF	Número de terras
PA	58
AM	–
MA	57
AC	–
RJ	3
CE	–
RS	4
DF	–
PE	2
MS	3
ES	–
AP	3
PI	5
MT	–
SP	6
MG	–
SC	1
PB	–
RO	1
GO	1
PR	–
SE	4
AL	1
RR	–
BA	18
TO	–
RN	1
Total	**168**

COMISSÃO PRÓ-ÍNDIO DE SÃO PAULO. Disponível em: <www.cpisp.org.br/>. Acesso em: 21 jul. 2017.

Marco Antonio Sá/Pulsar Imagens

Comunidade quilombola Ivaporunduva, em Eldorado, no estado de São Paulo, 2016.

3 Converse com o professor e os colegas e responda:

a) O que são terras quilombolas tituladas?

b) Existem terras quilombolas não tituladas?

c) Existe algum órgão que dá apoio às comunidades quilombolas?

4 Observe a tabela acima e faça o que se pede.

a) Anote os três estados que possuem mais terras quilombolas tituladas.

____

b) Cite dois estados que não possuem terras quilombolas tituladas.

____

Capítulo 4

Da produção ao consumo

Para iniciar

Leia o texto a seguir. Ele foi escrito há mais de vinte anos, mas ainda se mantém atual.

Necessidades inventadas

Existem "necessidades inventadas". Não se deve confundir o que é necessário para a nossa vida com o que gostaríamos de ter.

A televisão, as revistas e o rádio estão sempre inventando necessidades para nós. O que querem é vender, vender, vender...

E querem que a gente compre, compre, compre...

Há coisas que hoje são necessárias, mas que antigamente não eram. Assim como há coisas que são necessárias para certas pessoas e totalmente inúteis para outras.

CABRAL, Graciela Beatriz. **Livros do tatu**. São Paulo: Garimpo Cultural, 1990. (Adaptado.)

Ilustra Cartoon/Arquivo da editora

1. Converse com os colegas sobre produtos sem os quais vocês não conseguiriam viver e sobre produtos que vocês consideram desnecessários.

2. Em sua opinião, o que é necessário para vivermos bem?

A atividade industrial

A roupa que você usa, o tênis que você calça, seus objetos escolares e os alimentos que você come são produzidos de diferentes modos e com diferentes materiais.

Você imagina de onde vem o material para fabricar tudo isso? Você sabe onde esses produtos são fabricados? Como chegam até você?

Veja, por exemplo, o que pode ser feito com alguns materiais.

Ilustrações: Cláudio Chiyo/Arquivo da editora

- Madeira: para fazer o lápis, as carteiras, a mesa do professor, etc.
- Algodão: para fazer o tecido do uniforme escolar.
- Árvore: para fabricar papel (a partir da celulose).
- Látex da seringueira: para fazer a borracha.
- Couro e derivados do petróleo (como o plástico): para fazer calçados e brinquedos.

Os materiais usados para fabricar produtos e mercadorias são chamados **matéria-prima**. Geralmente eles são retirados da natureza por meio do extrativismo, da agricultura e da pecuária. Essas atividades são desenvolvidas no campo e, como já vimos, fazem parte do setor primário da economia.

1 Cite a principal matéria-prima utilizada para fazer:

a) sua mochila: ____________________

b) seus livros e cadernos: ____________________

c) seu lápis: ____________________

2 Escolha dois produtos industrializados e procure saber:

a) o nome do produto;
b) a principal matéria-prima usada em sua fabricação;
c) o nome do fabricante;
d) o lugar de fabricação;
e) onde é vendido;
f) o preço do produto.

3 Cole nos quadros abaixo um rótulo, uma embalagem ou uma foto dos produtos selecionados por você. Depois, anote as informações sobre cada um desses produtos.

Informações sobre os produtos escolhidos

a) ______	a) ______
b) ______	b) ______
c) ______	c) ______
d) ______	d) ______
e) ______	e) ______
f) ______	f) ______

Minha coleção de palavras de Geografia

Muitas matérias-primas são obtidas por meio da pecuária.

PECUÁRIA

1 O que é pecuária?

2 No Brasil, a pecuária está ligada principalmente à criação de gado bovino. Cite outro rebanho que você conhece.

3 Cite dois produtos da indústria alimentícia que utilizam matérias-primas com origem na pecuária.

Os produtos percorrem vários caminhos antes de chegar ao consumidor final. É o que chamamos ciclo do **produtor** ao **consumidor**. Observe o esquema abaixo.

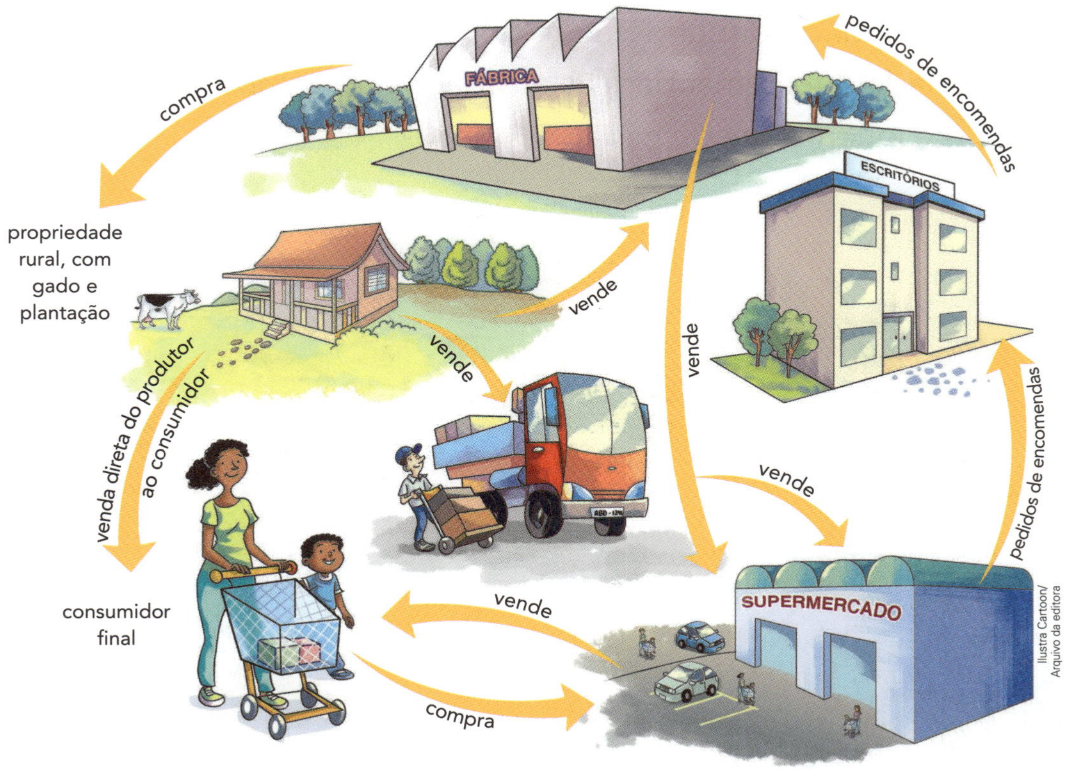

1 Com base no esquema acima, responda onde geralmente são desenvolvidas as atividades:

a) do setor primário: ______________________

b) do setor secundário: ______________________

c) do setor terciário: ______________________

2 Quem são os produtores e o consumidor final?

____

____

3 Por que o consumidor final geralmente não compra direto do produtor?

4 Em dupla, escolham um produto e representem em uma cartolina o ciclo realizado por ele do produtor ao consumidor. Usem figuras de revistas ou façam desenhos para ilustrar o ciclo.

Vimos que os **recursos naturais** são utilizados nas indústrias para a fabricação de diversos produtos. Para isso, é preciso transportar esses recursos do campo para a cidade, onde está situada a maioria das indústrias.

O campo e a cidade dependem um do outro. Mas, em geral, são as necessidades da cidade que comandam as atividades do campo.

Observe o esquema a seguir.

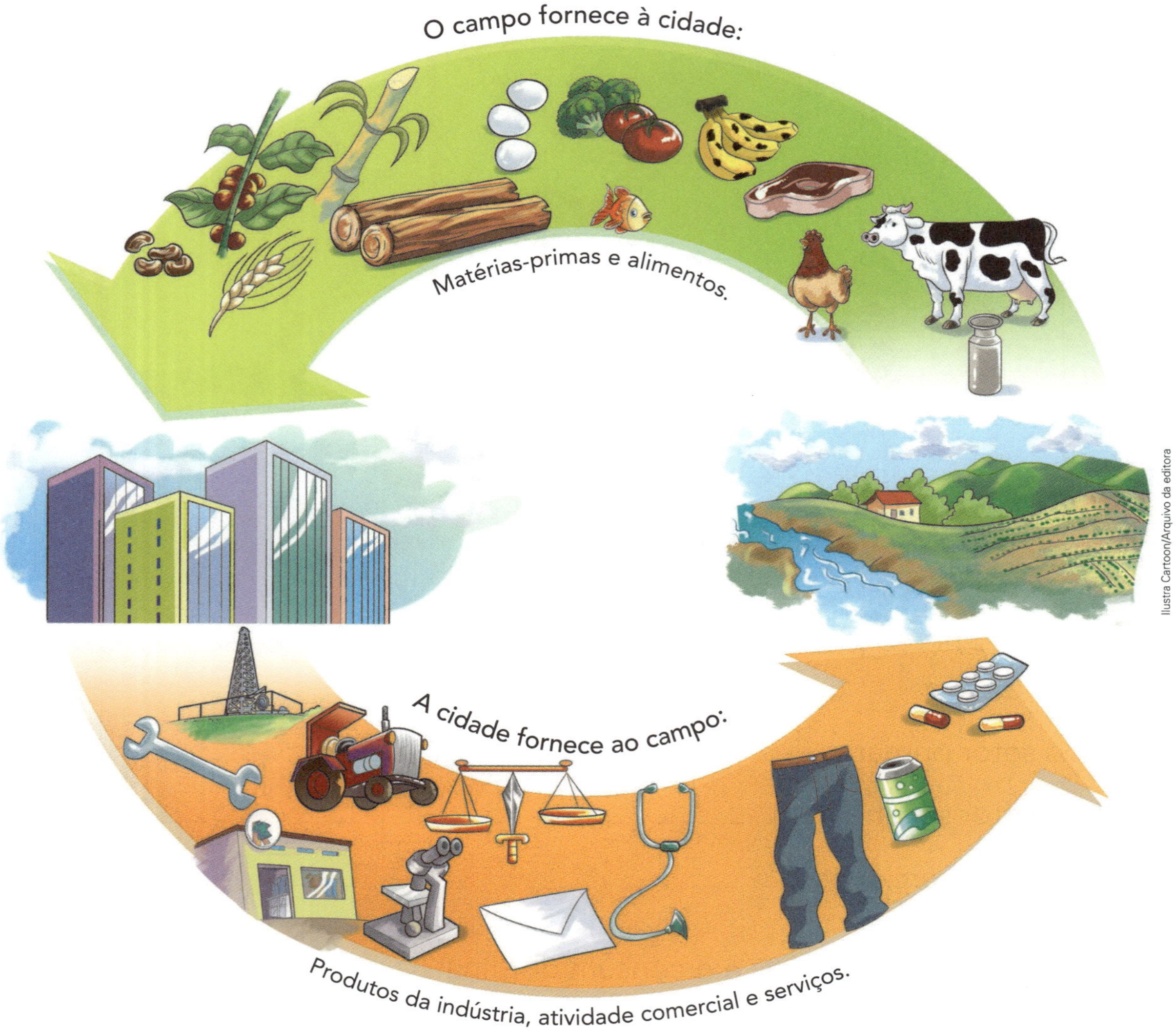

1 Com base no esquema acima, responda:

a) Em que a cidade depende do campo? ______________________________

____

b) Em que o campo depende da cidade? ______________________________

____

2 Faça uma pesquisa ou converse com seus familiares ou adultos responsáveis sobre o município onde você mora e procure descobrir:

a) Quais matérias-primas ou alimentos a área rural do seu município (campo) fornece à área urbana (cidade)?

____

b) Quais serviços a área urbana do seu município oferece à área rural?

____

c) Há produtos que você precisa comprar em outro município? Por quê?

____

À medida que as cidades crescem e se industrializam, o campo também se moderniza, fazendo surgir novas paisagens rurais.

Mario Friedlander/Pulsar Imagens

Silo e plantação de milho, em Sorriso, no estado de Mato Grosso, 2014.

silo: construção feita para armazenar cereais e grãos.

3 Há indústrias no município onde você mora? De que tipo?

____

____

4 Em seu município há paisagens semelhantes a essa mostrada na foto acima?

____

Plantar para comer, produzir para vender

Podemos identificar nas paisagens rurais elementos como plantações (agricultura), pastos (pecuária), casas isoladas, represas, rios, lagos, hortas, reservas florestais, áreas de extração mineral e animal, silos, depósitos, estradas, entre outros.

Com o passar do tempo, os grupos humanos desenvolveram técnicas, ferramentas e máquinas cada vez mais modernas. Assim, o trabalho no campo foi facilitado, a produção aumentou e as paisagens foram sendo transformadas.

Hoje, grande parte da produção agrícola do Brasil ainda é vendida para outros países. Outra parte da produção é comercializada dentro de um mesmo município ou entre municípios e estados diferentes. A agricultura voltada exclusivamente para o comércio é chamada de **agricultura comercial**.

Veja abaixo alguns dos principais produtos da agricultura comercial brasileira.

Thomaz Vita Neto/Pulsar Imagens; Acervo do Jornal **Folha de S.Paulo**/Folhapress

Plantação de soja em Chapadão do Sul, no estado de Mato Grosso do Sul, 2014. Atualmente, a soja é o principal produto agrícola da exportação brasileira. Principais estados produtores: MT, PR, RS, MS e GO.

João Prudente/Pulsar Imagens; JJ Leister/Agência Estado

Plantação de café em Manhuaçu, no estado de Minas Gerais, 2015. O café já foi o principal produto de exportação agrícola no Brasil. Principais estados produtores: MG, ES, PR, SP e RO.

Rubens Chaves/Pulsar Imagens; Fabio Colombini/Acervo do fotógrafo

Plantação de cana-de-açúcar em Itambé, no estado de Pernambuco, 2015. A cana-de-açúcar é usada para a fabricação do açúcar e de combustível para veículos (etanol). Principais estados produtores: SP, AL, PE e PR.

Delfim Martins/Pulsar Imagens; Arquivo do Jornal **O Estado de S. Paulo**/ Agência Estado

Plantação de laranja em Brotas, no estado de São Paulo, 2014. Hoje, o Brasil, assim como os Estados Unidos, é um dos maiores produtores de laranja do mundo. Principais estados produtores: SP, MG e PR.

A agricultura comercial possui características bem definidas. Observe.

Gerson Gerloff/Pulsar Imagens

A agricultura comercial é feita com alta tecnologia, muitos recursos financeiros, mecanização e pouca mão de obra. Máquina para pulverização agrícola, em São Francisco de Assis, no estado do Rio Grande do Sul, 2014.

Ricardo Teles/Pulsar Imagens

Grandes áreas ocupadas pelo cultivo de apenas um produto agrícola também caracterizam a agricultura comercial. Essa prática recebe o nome de **monocultura**. Na foto, plantação de soja em Maracaju, no estado de Mato Grosso do Sul, 2015.

pulverização agrícola: ato de espalhar inseticida sobre as plantações para matar insetos e aumentar a produção.

1. Que técnicas são utilizadas pela agricultura comercial para produzir mais com menos mão de obra?

___

2. A agricultura é uma atividade econômica importante no município onde você mora? Quais produtos são cultivados?

___

3. Pense nos seguintes alimentos: arroz, feijão, salada e óleo de soja ou de milho. Quais desses produtos passaram por maior transformação até chegar ao prato? Por quê?

___

Saiba mais

Você aprendeu que a **monocultura** consiste no cultivo de apenas um produto agrícola numa grande propriedade rural.

Já a **policultura** consiste no cultivo de vários produtos agrícolas em uma mesma propriedade rural; geralmente é praticada em pequenas e médias propriedades.

Se você tivesse um sítio, que produtos alimentícios plantaria? Cite pelo menos três cultivos diferentes.

Pedro Ventura/ Agência Brasília

No Brasil também se pratica a **agricultura familiar**, que é desenvolvida em pequenas propriedades rurais e fornece a maior parte dos alimentos que consumimos no dia a dia.

A agricultura familiar emprega a maioria dos trabalhadores do setor rural e é muito importante na produção agrícola do nosso país.

A agricultura familiar favorece o emprego de práticas produtivas ecologicamente mais equilibradas, diversificação de cultivos e, geralmente, menor uso de adubo industrial e de agrotóxicos. Na foto, propriedade rural em Sobradinho, Brasília, no Distrito Federal, 2016.

1 Pesquise e anote o nome de dois produtos agrícolas brasileiros típicos da agricultura familiar.

____

2 Leia a tirinha a seguir e descubra por que Chico Bento está aborrecido.

SOUSA, Mauricio de. Arquivo do jornal **O Estado de S. Paulo**.

a) A tirinha fala sobre pratos feitos com um produto agrícola bastante cultivado no Brasil. Que produto é esse? ______________________

b) No último quadrinho, como você explicaria a Chico Bento por que a mãe dele resolveu fazer só esse tipo de comida?

____

____

c) Podemos relacionar a história contada com qual tipo de agricultura?

____

Saiba mais

A agricultura sempre foi praticada no território brasileiro. Quando os portugueses chegaram aqui, os indígenas já faziam suas **roças**.

Ainda hoje, muitos povos indígenas usam sistemas tradicionais nas suas plantações.

Veja como um indígena do povo Kaiabi, que habita terras do Parque do Xingu, relata os cuidados no uso da terra.

O cuidado que o meu povo tem com a terra para fazer roça

Nós usamos um pedaço de terra para plantar os nossos produtos. Quando vemos que a terra começa a ficar fraca, nós começamos a procurar outra terra boa e deixamos essa que utilizamos primeiro para se reflorestar.

O tempo de reutilização da **capoeira** depende da pessoa. Para a capoeira ficar bem boa de novo, precisa deixar no máximo vinte anos.

Assim que o meu povo tem cuidado com a natureza.

KAIABI, Amyt; SILVA, Geraldo Mosimann da. **A ciência da roça no Parque do Xingu**. São Paulo: ISA, 2002. p. 25.

capoeira: vegetação que nasce onde a mata original foi derrubada ou queimada. Pode ser ainda o lugar de onde a mata original foi retirada.

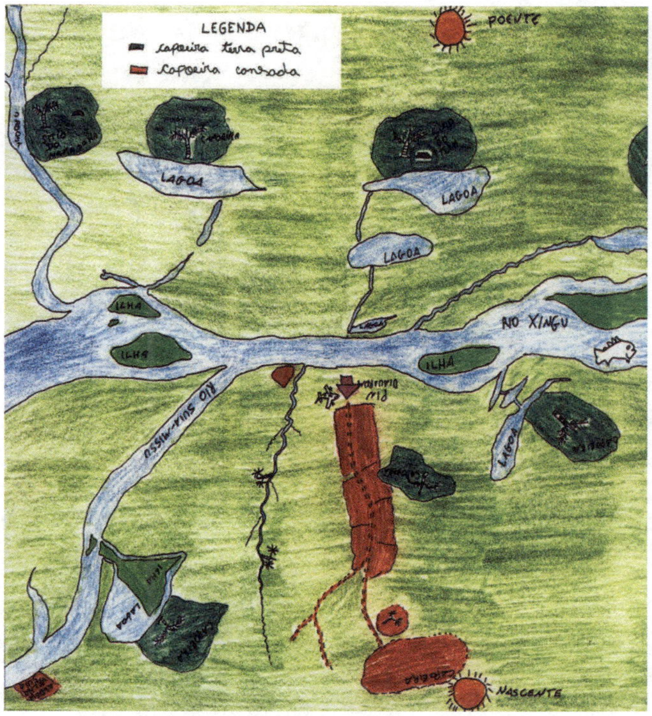

Acervo do autor

Ilustração de Janin Kaiabi, Karin Yudja, Kwaryp Kaiabi e Rypyat Kaiabi. **A ciência da roça no Parque do Xingu**. São Paulo: ISA, 2002. p. 35.

1 Que cuidado o povo indígena Kaiabi tem com a terra?

2 Em sua opinião, esse tipo de roça indígena é característico da agricultura comercial? Por quê?

Assim também aprendo

Os meios de comunicação trazem notícias do campo para as pessoas que moram na cidade e notícias da cidade para aqueles que moram no campo. Eles informam sobre condições climáticas favoráveis ou desfavoráveis à agricultura, baixa ou alta de preços dos produtos agrícolas, pesquisas, entre outras informações.

Leia as notícias a seguir, que falam de algumas dessas situações.

Texto 1 – Onda de frio intenso prejudica produção de hortaliças na região

O frio intenso registrado nos últimos dias em Santa Catarina prejudicou as lavouras de vários tipos de hortaliças. Com isso, o preço dos produtos nas prateleiras dos supermercados e feiras devem subir, segundo especialistas e comerciantes. A massa de ar frio que atingiu o estado nos últimos dias causou vários estragos em regiões produtoras de vegetais e legumes, como a Grande Florianópolis.

Município dia a dia. Disponível em: <http://municipiomais.com.br>. Acesso em: 24 jul. 2017. (Adaptado.)

Texto 2 – Municípios do Amazonas enfrentam praga na lavoura de mandioca

Uma praga afeta há três semanas algumas plantações em municípios no Amazonas. [...] A lagarta da espécie mandarová já se espalhou, principalmente, na cultura da mandioca. A produção rural de mais de 900 agricultores ficou prejudicada. [...]

EBC Agência Brasil. Disponível em: <http://agenciabrasil.ebc.com.br>. Acesso em: 24 jul. 2017.

Com base nos textos 1 e 2, responda:

a) O que causou prejuízo aos agricultores de Santa Catarina e danos às plantações do Amazonas?

____

____

b) Esses problemas que ocorreram no campo podem afetar a cidade? Explique.

____

____

Os produtos agrícolas brasileiros são comercializados e consumidos no próprio país e também são vendidos para outros países.

Veja o valor da produção de alguns produtos agrícolas brasileiros.

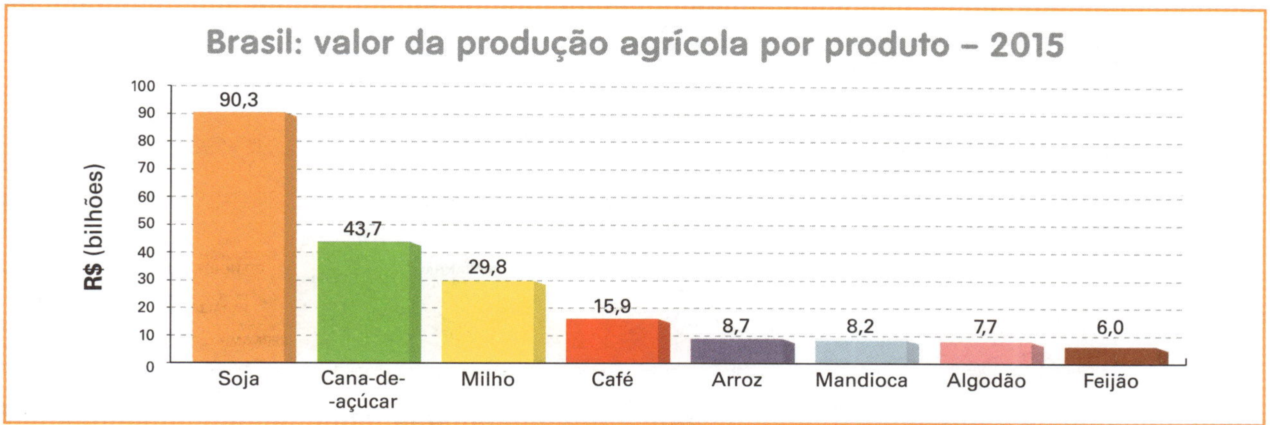

IBGE. **Produção agrícola municipal 2015**. Disponível em: <www.ibge.gov.br>. Acesso em: 23 jul. 2017.

Alguns produtos têm alto valor de produção, pois são cultivados no sistema de agricultura comercial e exportados para outros países. Outros têm consumo interno muito grande e são, muitas vezes, cultivados no sistema de agricultura familiar.

Observe agora a participação dos estados brasileiros na produção nacional.

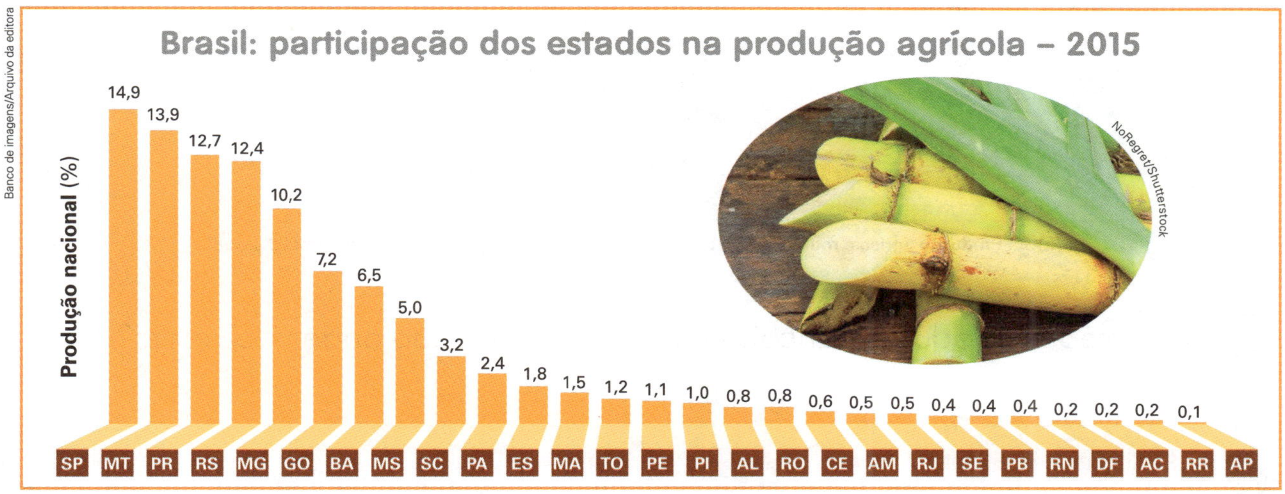

IBGE. **Produção agrícola municipal 2015**. Disponível em: <www.ibge.gov.br>. Acesso em: 23 jul. 2017.

1 Observe o primeiro gráfico e separe os produtos da agricultura para exportação dos produtos cultivados para o consumo dos brasileiros. Anote no gráfico.

2 Qual é o estado brasileiro líder na produção agrícola nacional? ______________

3 Dos 26 estados brasileiros, qual é a posição do estado onde você vive na produção nacional? ______________

Observe no mapa como estão distribuídos alguns produtos agrícolas cultivados no Brasil. Depois, faça as atividades abaixo.

Brasil: produtos agrícolas – 2015

Banco de imagens/Arquivo da editora

IBGE. **Produção agrícola municipal 2015**. Disponível em: <www.ibge.gov.br>. Acesso em: 23 jul. 2017.

1 Quais são os produtos agrícolas cultivados no estado onde você mora?

____

2 Com o professor, procure mais dois produtos agrícolas cultivados no seu estado.

____

3 Escolha dois outros estados brasileiros. Depois anote no caderno os principais produtos agrícolas cultivados neles.

____

____

Desafio

Você vai estudar alguns produtos agrícolas brasileiros de forma diferente daquela feita no mapa da página anterior.

Com a orientação do professor, use apenas símbolos abstratos e não pictóricos e faça o que se pede.

1. Represente no mapa os produtos agrícolas do estado onde você mora.

2. Coloque a rosa dos ventos no centro do mapa e represente:
   a) dois produtos agrícolas que aparecem no sul, no leste e no oeste;
   b) um produto agrícola que só aparece no sul.

3. Lembre-se de criar um título para o mapa, além de uma legenda e da fonte.

Título do mapa: ____________________

Banco de imagens/Arquivo da editora

Fonte: ____________________

A **pecuária** é outra atividade muito importante, desenvolvida em quase todo o Brasil. Ela nos fornece alimentos, como carne e leite, além de produtos como couro e lã. Da mesma forma que a agricultura, a pecuária pode ser praticada de forma simples ou com técnicas modernas.

Veja no mapa quais são os principais rebanhos brasileiros.

Brasil: principais rebanhos – 2015

IBGE. **Produção da pecuária municipal 2015**. Disponível em: <www.ibge.gov.br>. Acesso em: 23 jul. 2017.

Agora, veja no gráfico abaixo outra forma de representar dados dos principais rebanhos brasileiros.

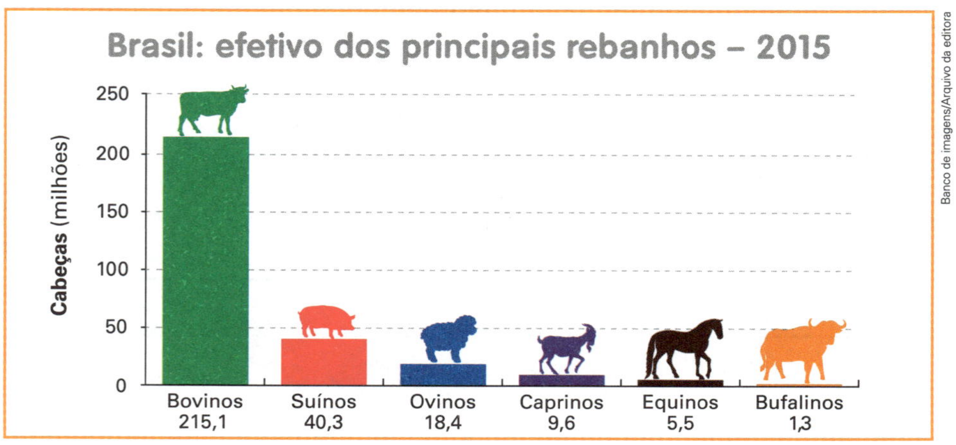

IBGE. **Produção da pecuária municipal 2015**. Disponível em: <www.ibge.gov.br>. Acesso em: 23 jul. 2017.

As representações na página anterior (mapa e gráfico) têm algumas diferenças. Por exemplo, se você quiser saber quais são os rebanhos presentes no seu estado, qual das representações você usará?

Desafio

Com a orientação do professor, use apenas símbolos abstratos e não pictóricos. Com base no mapa da página ao lado, represente no mapa abaixo:

1 Os diferentes rebanhos brasileiros.

a) Pinte de **verde** os dois estados com maior rebanho bovino.

b) Pinte de **vermelho** o estado com o maior rebanho suíno.

c) Pinte de **roxo** os estados que possuem rebanho caprino.

d) Pinte de **laranja** os estados que possuem rebanho bufalino.

2 O rebanho do estado onde você mora.
Escolha um símbolo e cores diferentes para representar os tipos de rebanho existentes.

- Lembre-se de criar um título para o mapa, além de uma legenda e da fonte.

Título do mapa: ______________________________

Fonte: ______________________________

Assim também aprendo

Será que a família de Chico Bento vai conseguir sair desta difícil situação? Leia a história para saber.

SOUSA, Mauricio de. Revista **Chico Bento**. Editora Globo. dez. 1994. n. 206.

1 Identifique e anote os números dos quadrinhos que relatam:

a) as condições climáticas desfavoráveis à plantação;

b) o endividamento do agricultor.

2 Imagine que uma parte da dívida do pai de Chico Bento fosse: conserto do trator por R$ 2800,00; ração e vacina para os animais por R$ 1110,00. Qual seria o valor dessa dívida?

3 O final feliz da história de Chico Bento costuma acontecer na realidade? Comente com os colegas.

4 Agora, use sua imaginação e criatividade para criar outro final para essa história em quadrinhos. No seu caderno, ao elaborar seus quadrinhos, observe se eles são compostos de imagens e palavras, e se os diálogos são registrados dentro de balões de fala. Se necessário, mude o título de acordo com o final de sua história.

O QUE ESTUDAMOS

Eu escrevo e aprendo

As frases abaixo aparecem no decorrer dos capítulos da unidade 2. Escreva, embaixo de cada uma delas, outra frase sobre o que você mais gostou de aprender em cada capítulo.

Capítulo 3 – Organizando o espaço

O Brasil é um dos maiores países do mundo em área. Seu território é dividido em unidades que recebem o nome de **estados**, além de um **Distrito Federal**.

____

____

Capítulo 4 – Da produção ao consumo

O campo e a cidade dependem um do outro. Mas, em geral, são as necessidades da cidade que comandam as atividades do campo.

____

____

Minha coleção de palavras de Geografia

Em cada capítulo desta unidade há uma palavra destacada. Com elas você fez atividades para saber como utilizá-las quando precisar escrever um pequeno texto de Geografia.

DISTRITO FEDERAL, página 65.

PECUÁRIA, página 76.

1. O que você aprendeu com essas duas palavras? Converse com os colegas.
2. Em um quadro no seu caderno, escreva essas duas palavras e o significado de cada uma delas. O significado deve estar ligado ao que você aprendeu no capítulo.

Eu desenho e aprendo

1 Os desenhos abaixo representam assuntos importantes estudados em cada capítulo da unidade 2. Observe-os atentamente.

Capítulo 3
Organizando o espaço

Capítulo 4
Da produção ao consumo

Ilustrações: Ilustra Cartoon/Arquivo da editora

2 Agora é a sua vez! Para cada capítulo, faça um desenho do que você mais gostou de estudar ou achou importante conhecer nesta unidade. Se preferir, faça uma colagem.

Capítulo 3

Capítulo 4

Hora de organizar o que estudamos

O Brasil é dividido em unidades federativas

- 26 estados e um Distrito Federal

Brasil: divisão política

Banco de imagens/Arquivo da editora

SIMIELLI, Maria Elena. **Geoatlas**. São Paulo: Ática, 2016. p. 110.

Setores de atividades econômicas

- Primário
- Secundário
- Terciário

Interdependência campo--cidade

- O campo fornece à cidade matérias-primas e alimentos.
- A cidade fornece ao campo produtos da indústria, atividades comerciais e serviços.

Ilustra Cartoon/Arquivo da editora

Atividade industrial

- A atividade industrial transforma as matérias-primas
- Os produtos passam por um ciclo para ir do produtor ao consumidor

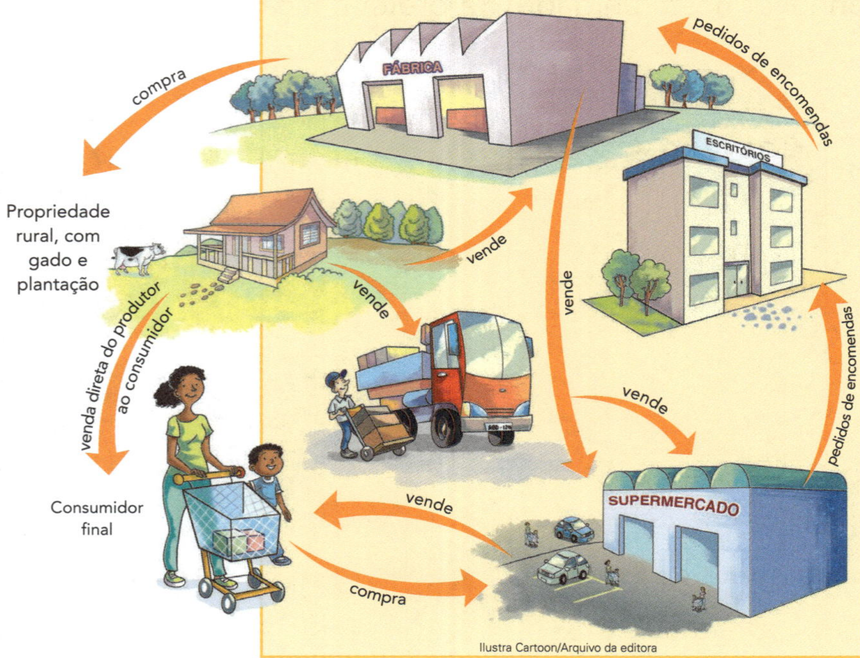

Ilustra Cartoon/Arquivo da editora

Agricultura e pecuária

- A agricultura comercial em pequenas, médias e grandes propriedades é diferente em diversas características
- Os principais produtos agrícolas exportados são: soja, cana-de-açúcar, café e laranja
- Outra atividade do meio rural é a pecuária. O Brasil tem um dos maiores rebanhos bovinos do mundo

Sugestões de...

Livros

Moderna/Acervo da editora

Do campo à mesa: o caminho dos alimentos. Teddy Chu, Moderna, 2012.

O livro retrata a vida no campo, o caminho dos alimentos, a criação e o cuidado com os animais. E você ainda vai aprender a fazer deliciosas receitas.

FTD/Acervo da editora

No mundo do consumo: o bom uso do dinheiro. Edson Gabriel Garcia, FTD, 2014.

A obra traz reflexões sobre consumo, propaganda e gastos. Uma professora nota que a família de um dos alunos está passando por dificuldades financeiras e decide incentivar a turma a pensar em como cada um pode se tornar mais responsável.

callis/Acervo da editora

Paula de São Paulo. Mariângela Bueno e Sonia Dreyfuss, Callis, 2009.

Todos os municípios têm história, não é mesmo? Este livro conta a história da fundação de São Paulo, com base em um diálogo entre uma neta e sua avó.

DCL/Acervo da Editora
DCL/Acervo da editora

Vida no campo e **Vida na cidade.** Mônica Jakievicius, DCL, 2004.

Com foco em educação ambiental, ambos os livros exploram a importância de mantermos uma relação saudável com os recursos naturais e valorizarmos todas as formas de vida existentes.

Site

canalkids/Divulgação

Meios de comunicação e tecnologia. Disponível em: <www.canalkids.com.br>. Acesso em: 28 jul. 2017.

O *site* traz muitas informações, textos e imagens sobre meios de comunicação e de transporte, informática e invenções. Há textos que contam a história da invenção da televisão, do telefone celular, do controle remoto e muito mais.

Vídeo

Rafael Borges Reprodução/Arquivo da editora

Urbe. Direção: Rafael Borges. Minas Gerais, 2012. Duração: 5 min 16 s.

Esta animação mostra como a vida de um rapaz pode ser alterada pelo crescimento descontrolado do município onde vive. Será que os avanços tecnológicos, além de melhorar nossa vida, podem trazer problemas?

Para você refletir e conversar

- De qual assunto você gostou mais nesta unidade?
- Você teve dificuldade para entender alguma atividade ou alguma explicação?
- Escolha a imagem de que você mais gostou nesta unidade. Conte aos colegas o motivo de sua escolha.

Unidade 3

O território brasileiro

Carlos Bordiel/Arquivo da editora

- Quais são os três principais grupos étnicos que formaram o povo brasileiro?
- Em quantas regiões o Brasil está dividido? Você sabe o nome de cada uma delas?
- Cite uma característica de cada uma das regiões brasileiras.

Capítulo 5

Diferentes culturas e muitas cidades

Para iniciar

Leia o poema a seguir.

Toda criança do mundo

Seja pobre, seja rica
Seja grandona ou nanica
Mulata, ruiva, amarela
Seja bonitinha ou feia
De trança ou touca de meia
Use sapato ou chinela...

Seja branca seja preta
De seda ou de camiseta
Com diploma ou sem escola
Triste, alegre ou boazinha
Que goste de amarelinha
Ou goste de jogar bola...

[...]

More em casa ou num barraco
Coma na mão ou no prato
Viva lá no fim do mundo
Durma na cama ou no chão
Toda criança do mundo
Mora no meu coração.

Ilustra Cartoon/Arquivo da editora

ROCHA, Ruth. **Toda criança do mundo mora no meu coração**. 2. ed. São Paulo: Salamandra, 2014.

1. Nem todas as crianças brasileiras vivem nas mesmas condições. Escolha um trecho do poema que mostre essas diferenças.

2. O poema fala que há crianças "com diploma ou sem escola". Em sua opinião, por que há crianças que não podem frequentar a escola?

O encontro de culturas

Brincadeiras de roda, pipa, boneca, *videogame*. As crianças do mundo todo têm brincadeiras parecidas, muitas delas passadas de geração em geração. Algumas brincadeiras vêm da tradição folclórica e da **cultura** de cada país.

cultura: conjunto de manifestações artísticas, sociais, linguísticas e comportamentais de um povo.

A cultura brasileira é muito diversificada, pois recebeu influências de povos de diferentes origens. Possuímos costumes e tradições que herdamos de nossos antepassados, mas uma das características mais importantes do povo brasileiro é a presença da língua portuguesa.

Andre Dib/Pulsar Imagens

Algumas brincadeiras são populares em todo o país, mas podem ter nomes diferentes de acordo com o lugar onde a criança vive. A pipa, por exemplo, também recebe o nome de papagaio, quadrado, raia, pandorga, curica, entre outros.

Apesar de o português ser a língua oficial do Brasil, algumas línguas indígenas se tornaram cooficiais em alguns municípios brasileiros, como em São Gabriel da Cachoeira, no estado do Amazonas.

No Brasil, há uma diversidade enorme de línguas indígenas não oficializadas. Leia o texto a seguir.

Língua dos povos indígenas

Por muito tempo, pensou-se que todos os povos indígenas falavam a mesma língua. [...]

O que é muito importante sabermos é que **não** existe **uma única** língua falada por todos os povos tradicionais. No Brasil, hoje, são faladas aproximadamente 180 línguas indígenas. Alguns povos, além da língua materna, falam o português e outros também sabem falar a língua de povos vizinhos.

Observe um pouco da diversidade das línguas dos povos nativos:

Língua portuguesa	Karajá	Karitiána	Kuikuro
água	béé	ese	tunga
animal	iródu	Kinda	ngene
terra	suu	Eje'i	ngongo
sol	tscuu	gokyp	giti

MUNDURUKU, Daniel. **Coisas de índio**. São Paulo: Callis, 2016. p. 45.

- Onde você mora é falada outra língua que não seja a oficial? Qual?

Os três principais grupos étnicos que influenciaram a formação do povo brasileiro são os **indígenas**, os **brancos** e os **negros**. Mais tarde, grupos de imigrantes, como **japoneses** e **italianos**, também influenciaram uma parte de nossa cultura.

Indígenas

Muitas palavras da língua portuguesa têm origem indígena, como **arara**, **maracujá**, **Itajubá** e **Tietê**. Dos indígenas também herdamos hábitos como tomar banho todos os dias, dormir em redes e comer mandioca.

Leia o texto a seguir.

Os índios são todos iguais?

[...] Apesar das semelhanças que podemos notar entre vários povos indígenas, quando eles se comparam entre si reconhecem suas diferenças, pois prestam atenção nas particularidades de cada grupo.

Cada povo indígena possui tradições culturais próprias, isto é, tem uma história particular, além de possuir práticas e conhecimentos únicos. [...]

POVOS INDÍGENAS NO BRASIL MIRIM. Disponível em: <https://mirim.org/>. Acesso em: 14 ago. 2017.

a) Comente algumas diferenças entre os povos indígenas.

b) É correto afirmar que os povos indígenas vivem apenas nas florestas? Por quê?

Saiba mais

Haroldo Palo Júnior/Acervo do fotógrafo

Vamos brincar como as crianças do povo Kalapalo de Mato Grosso?

Nome do Jogo: Heine Kuputisü

Neste jogo de resistência e equilíbrio o corredor deve correr em um pé só, e não pode trocar o pé, sobre uma linha de uns 100 metros, riscados na terra o início e o final do percurso. Se o jogador conseguir ultrapassar a meta, ele é um vencedor, mas se parar antes de chegar ele ainda não está preparado. Mas, caso nenhum participante chegue, o vencedor será aquele que chegou mais próximo da linha de chegada.

HERRERO, Marina; FERNANDES, Ulysses. **Jogos e brincadeiras na cultura Kalapalo**. São Paulo: Edições Sesc São Paulo, 2010.

Brancos

Os brancos que mais influenciaram a formação do povo brasileiro foram os portugueses.

No nosso dia a dia a influência portuguesa está evidente na língua oficial do Brasil – o português –, na religião católica, na alimentação, no folclore brasileiro, nas cantigas de roda, entre outros.

1 Leia o trecho da canção a seguir.

Pindorama, Pindorama
É o Brasil antes de Cabral
Pindorama, Pindorama
É tão longe de Portugal
Fica além, muito além
Do encontro do mar com o céu
Fica além, muito além
Dos domínios de Dom Manuel
[...] Pindorama, Pindorama
Mas os índios já estavam aqui

PERES, Sandra; TATIT, Luiz. Pindorama. Intérprete: Palavra Cantada. In: PALAVRA CANTADA. **Canções curiosas**. 1998. 1 CD. Faixa 1.

- Procure no dicionário o significado da palavra **Pindorama** e converse sobre ele com os colegas.

2 Apresente três influências dos portugueses na formação do povo brasileiro.

Saiba mais

Vamos brincar como as crianças portuguesas?

Nome da brincadeira: Passa anel

Para brincar, todas as crianças ficam em roda, com uma criança no meio. As crianças da roda esticam um longo barbante por dentro de um anel, que vai passando de mão em mão. Enquanto isso, cantam "Chora, Mané", sem deixar que a criança do meio da roda veja com quem está o anel. Quando a cantiga para, a criança que está no meio da roda deve adivinhar com quem está o anel. Depois, é a vez de outra criança.

Dotta2/Acervo do fotógrafo

Negros

A partir do século XVI cerca de 4 milhões de africanos de diferentes grupos étnicos foram escravizados e trazidos ao Brasil. Pessoas com diferentes línguas e tradições foram obrigadas a viver juntas e a trabalhar em condições sub-humanas.

Desde então, a desigualdade social entre brancos e negros continua a ser um grave problema. A população negra brasileira é a mais pobre e a que tem menos acesso à educação, à cultura e ao lazer.

O gráfico ao lado mostra os anos de estudo da população em algumas Regiões Metropolitanas brasileiras.

a) Comparando os anos de 2001 e 2011, houve aumento dos anos de estudo da população negra?

____

b) Em 2011, onde a população negra teve mais anos de estudo?

____

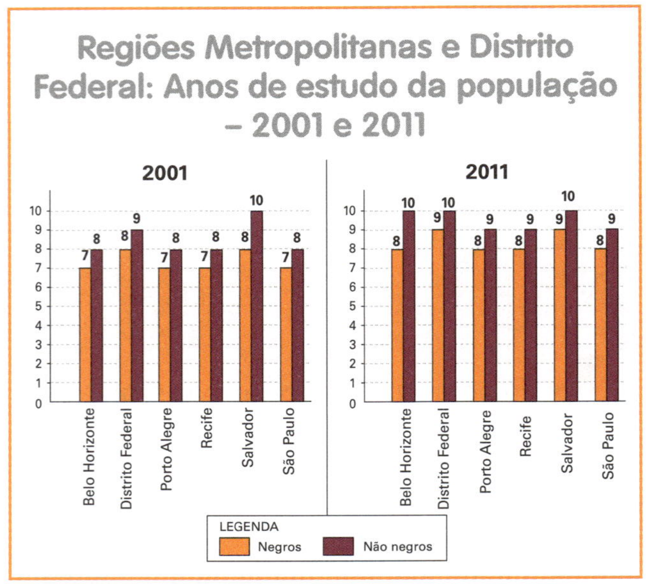

Banco de imagens/Arquivo da editora

DIEESE/PED. **Os negros nos mercados de trabalho metropolitanos.** Disponível em: <www.dieese.org.br/>. Acesso em: 14 ago. 2017.

Saiba mais

Vamos brincar como as crianças iorubas que vieram para o Brasil?

Nome do brinquedo: Bonecas Abayomi

Cláudia S. Muller/Acervo da artista

Para acalentar seus filhos durante as terríveis viagens [...] entre África e Brasil, as mães africanas rasgavam retalhos de suas saias e [...] criavam pequenas bonecas, feitas de tranças ou nós, que serviam como amuleto de proteção.

As bonecas, símbolo de resistência, ficaram conhecidas como Abayomi, termo que significa ‘encontro precioso’, em ioruba [...]. [...] As bonecas Abayomis são negras e feitas de sobras de tecido que são amarrados, resgatando a forma mais singela do fazer artesanal, sem uso de costuras e o mínimo de ferramentas. [...]

Catraquinha. Disponível em: <https://catraquinha.catracalivre.com.br>. Acesso em: 22 set. 2017.

As influências culturais recebidas dos povos indígenas, africanos e europeus (portugueses) criaram, com o passar do tempo, uma população **mestiça** e **pluricultural**. Os imigrantes que vieram da Europa, da Ásia e de outros países do continente americano também contribuíram para a formação do povo brasileiro. Muitas vezes, as pessoas migram por motivos relacionados ao contexto social, político e econômico dos países em que vivem.

mestiço: que é descendente de pessoas de grupos étnicos diferentes.

pluricultural: que é formado por várias culturas.

1 Encontre no diagrama o nome dos principais grupos de imigrantes que vieram para o Brasil, principalmente a partir de 1850.

I	P	U	F	W	G	A	J	R	T	S	D	H	K	L
M	A	T	I	X	U	R	C	H	L	R	L	H	N	B
L	L	W	C	Y	J	A	P	O	N	E	S	E	S	S
D	E	Y	A	Z	G	B	C	A	S	G	X	N	K	D
A	M	Z	V	M	J	E	S	P	A	N	H	O	I	S
C	A	P	F	S	H	S	I	Ó	H	N	A	P	S	E
W	E	R	B	N	M	L	Q	H	Z	I	G	J	D	K
U	S	T	I	T	A	L	I	A	N	O	S	W	Ç	I

2 Na sua sala de aula e no estado em que você mora há outras nacionalidades que não foram indicadas no diagrama? Quais?

3 Muitos imigrantes ainda vêm para o Brasil. Observe o gráfico.

a) Consulte um mapa e o gráfico e anote o nome de dois países de imigrantes que não são vizinhos do Brasil.

____

____

b) De qual país veio o maior número de pessoas para o Brasil em 2015? Pesquise a situação socioeconômica desse país e dois motivos da emigração. Comente suas descobertas com os colegas.

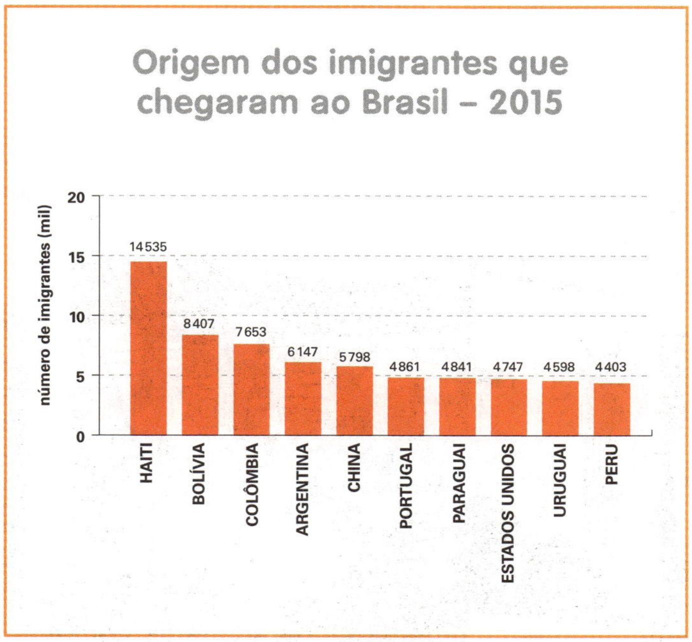

Banco de imagens/Arquivo da editora

POLÍCIA FEDERAL. Disponível em: <http://g1.globo.com/>. Acesso em: 25 jul. 2017.

TECENDO SABERES

O Brasil do século XX foi retratado por muitos pintores, entre eles imigrantes e seus descendentes. Os imigrantes contribuíram em muitos aspectos para a cultura brasileira, inclusive nas artes. Observe as pinturas a seguir.

Tomoo Handa/Museu Histórico da Imigração Japonesa

1

Tomoo Handa nasceu no Japão, em 1906. Veio para o Brasil em 1917.

› **Colheita de café**, de Tomoo Handa, 1958 (óleo sobre tela, de 90 cm × 70 cm). O café, na época cultivado especialmente nos estados de São Paulo e do Paraná, foi um dos principais produtos da economia brasileira do século XX.

Renina Katz/Coleção particular

2

Renina Katz nasceu no Rio de Janeiro, em 1925, em uma família judia.

› **Favela**, de Renina Katz, 1994 (xilogravura, de 46 cm × 36 cm). No século XX, as favelas apareceram e se espalharam por todas as grandes cidades brasileiras.

Di Cavalcanti/Coleção particular/Licenciado por AUTVIS, Brasil 2017.

3

Di Cavalcanti nasceu no Rio de Janeiro, em 1897.

› **Feira de Água de Meninos (Bahia)**, de Di Cavalcanti, 1960 (óleo sobre tela, de 65 cm × 81 cm). Pessoas dos subúrbios de Salvador, no estado da Bahia, e o modo de vida nesses lugares foram representados no conjunto das obras do artista.

Sonia Furtado nasceu em Santa Catarina, em 1950.

4

Sonia Furtado/Galeria Jacques Ardies

Boi de mamão, de Sonia Furtado, 1995 (óleo sobre tela, de 70 cm × 100 cm). O boi de mamão é uma das manifestações folclóricas mais antigas de Santa Catarina.

Lasar Segall nasceu na Lituânia, em 1891. Veio para o Brasil em 1923.

5

Lasar Segall/Pinacoteca do Estado de São Paulo

Bananal, de Lasar Segall, 1927 (óleo sobre tela, de 87 cm × 127 cm). Trabalhadores e imigrantes são temas importantes na obra do artista.

1 Qual das pinturas denuncia o problema das moradias no Brasil? O que ela representa?

___

___

2 Qual delas representa atividades de lazer? O que as pessoas estão fazendo?

___

___

3 Que pintura mostra pessoas de um importante grupo étnico formador da população brasileira?

___

___

4 A principal atividade econômica do Brasil no início do século XX está retratada em uma dessas obras. Que obra é essa?

___

___

5 Qual das pinturas mostra uma pessoa com um produto agrícola importante na alimentação dos brasileiros?

___

6 Agora você é o artista. Faça um desenho ou pintura que represente algum aspecto do Brasil atual.

Assim também aprendo

Antropólogos são cientistas que estudam a diversidade cultural dos povos, principalmente seus costumes, crenças e hábitos. Darcy Ribeiro foi um famoso antropólogo e estudioso da formação do povo brasileiro.

A partir de suas pesquisas, ele organizou o território brasileiro com base nas origens, na cultura e no modo de vida da população. Ele afirmou que há "cinco brasis" dentro do Brasil.

1 Veja uma representação dos cinco brasis de Darcy Ribeiro.

Tales Azzi/Pulsar Imagens; Ricardo Azoury/Pulsar Imagens; Cesar Diniz/Pulsar Imagens; Palê Zuppani/Pulsar Imagens; Hans Von Manteuffel/Opção Brasil Imagens; Franco Hoff/Pulsar Imagens; João Prudente/Pulsar Imagens; Luiz Cláudio Marigo/Opção Brasil Imagens

- Com as informações do professor, anote nos espaços indicados nas laterais do mapa o nome dos cinco brasis de Darcy Ribeiro.

2 Converse com os colegas e o professor sobre as origens, os hábitos, os costumes e o modo de vida da população no município onde vocês vivem. Como vocês poderiam representar o município de acordo com esses critérios? Discutam e façam uma proposta.

As **migrações internas** sempre ocorreram e tiveram um papel muito importante na formação da sociedade brasileira.

Os deslocamentos populacionais permitem que hábitos e costumes de um lugar sejam levados para outros lugares. Assim, os migrantes levam seus costumes para onde vão e, ao mesmo tempo, aprendem novos costumes ao chegar a um novo destino. Essa troca enriquece a cultura de um país.

Vamos ver os deslocamentos populacionais recentes no Brasil. Observe o mapa.

migração interna: deslocamento de pessoas no interior do próprio país.

1 Identifique e anote a origem e o destino do deslocamento numericamente mais importante.

____

____

____

2 Esse deslocamento populacional que ocorreu no Brasil envolve quais brasis de Darcy Ribeiro? Preencha os quadros abaixo.

[ ] → [ ]

Brasil: migrações – 1980-2010

GIRARDI, Gisele; ROSA, Jussara Vaz. **Atlas geográfico**. São Paulo: FTD, 2016. p. 50.

Minha coleção de palavras de Geografia

Vamos ver uma palavra de origem indígena que tem vários significados.

PARANÁ

- Procure o significado da palavra **paraná** e apresente dois usos dela.

O crescimento urbano

Ao longo do tempo, com trabalho e tecnologia, o ser humano foi se apropriando dos recursos naturais e criando elementos culturais, transformando as paisagens. As paisagens urbanas e rurais que conhecemos hoje são resultado de processos de transformação do espaço.

1 Indique as transformações que ocorreram na paisagem abaixo.

Biry Sarkys/Arquivo da editora

2 Agora é a sua vez! Desenhe em uma folha avulsa como poderá ser a paisagem acima no futuro, imaginando duas situações. Suponha que seus habitantes:

a) não preservaram o ambiente e provocaram um desastre ecológico;

b) preservaram o ambiente e utilizaram a tecnologia a seu favor.

O crescimento das cidades, impulsionado pelas atividades econômicas e pela migração do campo para a cidade, caracteriza o processo de **urbanização**.

No Brasil, o processo de urbanização está, em parte, relacionado ao desenvolvimento da indústria, iniciado na década de 1930. Com as indústrias, o comércio e a prestação de serviços se expandiram. Essas atividades atraíram muitas pessoas para as cidades.

Grande parte das migrações internas ocorre do campo para as cidades. Esse fluxo de pessoas recebe o nome de **êxodo rural** e é uma das características do processo de urbanização no Brasil.

1. Hoje, de cada dez brasileiros, oito vivem em cidades. Pinte no gráfico ao lado a quantidade de fatias que representa essa informação.

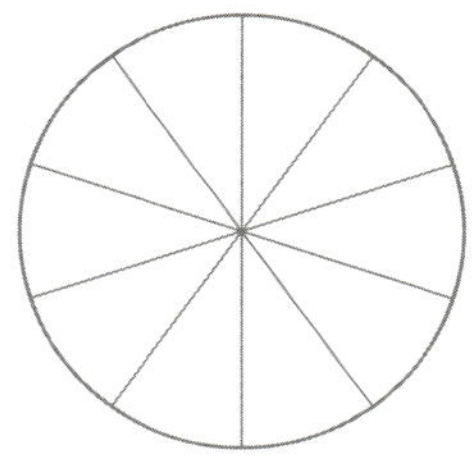

2. Observe os gráficos. O que eles mostram?

Ilustrações: Ilustra Cartoon/Arquivo da editora

IBGE. **Censo Demográfico 2010**. Disponível em: <www.ibge.gov.br/>. Acesso em: 26 jul. 2017.

____

____

3. Complete o gráfico ao lado com as informações sobre a população urbana e rural do Brasil em 2010, considerando uma população urbana de 84% e uma população rural de 16%.

Saiba mais

Atualmente o Brasil é considerado um país **urbano-industrial**. Vamos entender o porquê:

- A maior parte da população vive em cidades.
- A atividade industrial desempenha papel muito importante na organização do espaço.

Observe os mapas.

Brasil: indústria – 2010

Banco de imagens/Arquivo da editora

SIMIELLI, Maria Elena. **Geoatlas**. São Paulo: Ática, 2013. p. 130. (Adaptado.)

Brasil: urbanização – 2010

Banco de imagens/Arquivo da editora

Mapa elaborado pela autora em 2016. IBGE. **Brasil em números**. Rio de Janeiro, 2016. p. 74.

1 Com base nos mapas de indústria e urbanização da página ao lado, faça o que se pede no mapa abaixo.

a) Pinte de **vermelho** os estados brasileiros com maior concentração industrial.

b) Coloque pontos nos estados brasileiros com alta taxa de urbanização.

Brasil: político

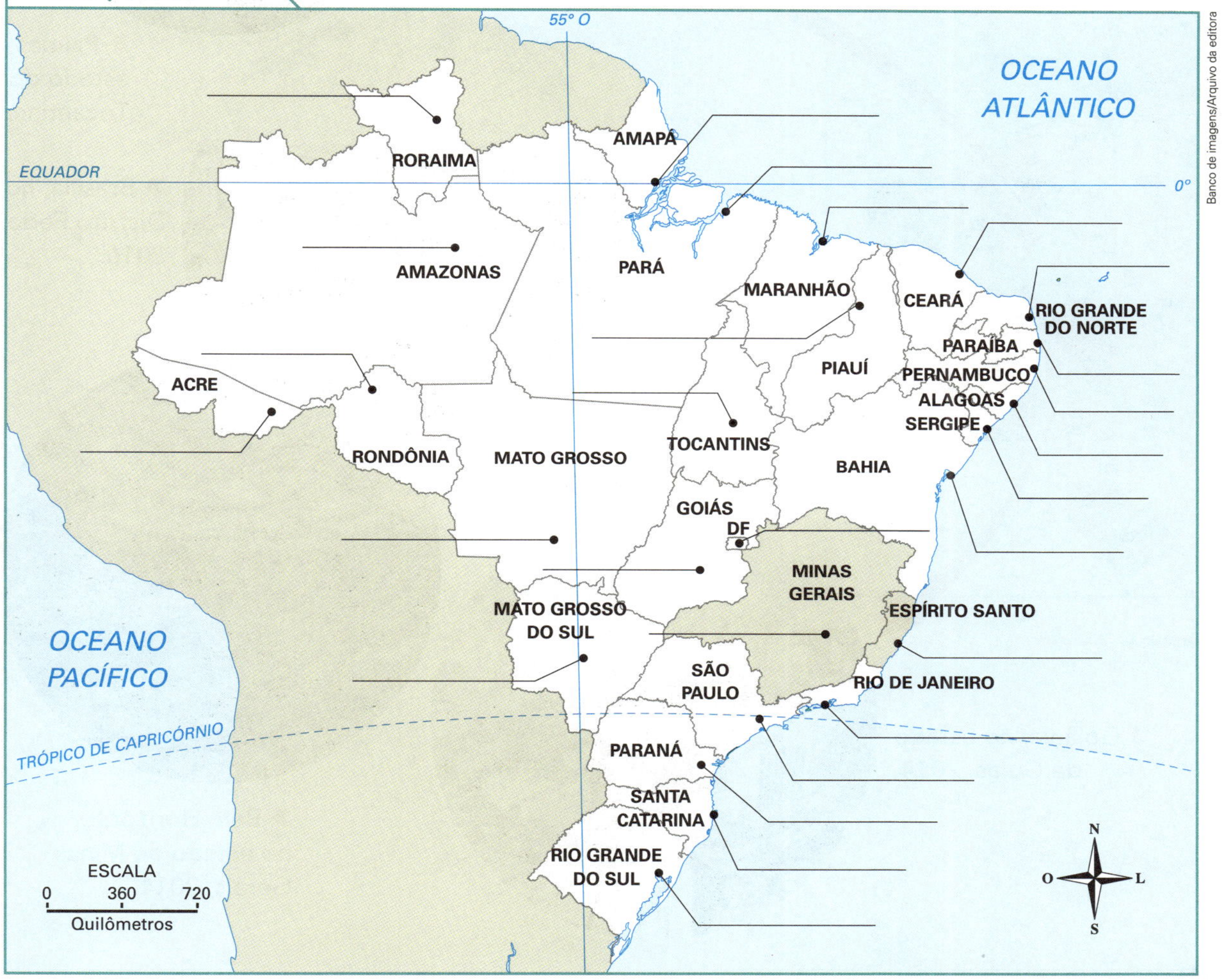

SIMIELLI, Maria Elena. **Geoatlas**. São Paulo. Ática, 2013. p. 110.

2 Em quais estados a grande concentração industrial coincide com altas taxas de urbanização? Desenhe uma estrela nesses estados.

3 Como se caracterizam a distribuição industrial e a urbanização no estado onde você mora?

Pequenos povoados deram origem a muitas cidades. Outras foram planejadas, isto é, construídas a partir de um projeto, como Brasília (DF), Palmas (TO), Goiânia (GO), Belo Horizonte (MG), entre outras.

Observe o mapa e as imagens.

Banco de imagens/Arquivo da editora

IBGE. **Atlas geográfico escolar**. 7. ed. Rio de Janeiro, 2016. p. 90. (Adaptado.)

Mauricio Simonetti/Pulsar Imagens

Palmas, no estado do Tocantins, 2015.

Ismar Ingber/Pulsar Imagens

Brasília, no Distrito Federal, 2016.

Rubens Chaves/Pulsar Imagens

Belo Horizonte, no estado de Minas Gerais, 2014.

Cássio Vasconcellos/Acervo do fotógrafo

Goiânia, no estado de Goiás, 2014.

Apresente oralmente o nome de outra cidade planejada do Brasil.

Pesquise

Forme um grupo com seus colegas e pesquise a origem e o desenvolvimento do seu município: data de criação, principais atividades econômicas e mudanças nas paisagens. Entreguem a pesquisa ao professor na data combinada.

Desafio

Qualquer cidade, planejada ou não, é constantemente transformada. Alguns elementos da paisagem são modificados e outros surgem com o objetivo de atender às necessidades da população. Observe o croqui abaixo.

Ilustrações: Rodval Matias/Arquivo da editora

Os moradores da cidade representada no croqui reivindicaram aos governantes a construção dos seguintes elementos:

- uma ponte; 
- uma fábrica; 
- uma praça; 
- um porto. 

1 Sobre as construções que deverão ser acrescentadas na cidade, reflita e responda:

- Qual é a utilidade de cada uma delas?
- Quem poderá usá-las?
- Qual seria o local mais adequado para construí-las?

2 Agora, desenhe essas construções no croqui, nos locais que você escolheu.

Capítulo 6

Diversidade regional

Para iniciar

Leia o trecho da letra desta canção.

Aquarela brasileira

[...]
Passeando pelas cercanias do Amazonas
Conheci vastos seringais
No Pará, a ilha de Marajó
[...]
Caminhando ainda um pouco mais
Deparei com lindos coqueirais
Estava no Ceará [...]
Fiquei radiante de alegria
Quando cheguei na Bahia
Bahia de Castro Alves, do acarajé [...]
Assisti em Pernambuco
À festa do frevo e do maracatu.
Brasília tem o seu destaque
Na arte, na beleza e arquitetura
Feitiço de garoa pela serra
São Paulo engrandece a nossa terra
Do leste, por todo o Centro-Oeste
Tudo é belo e tem lindo matiz
O Rio dos sambas e batucadas,
[...]
Brasil,
Essas nossas verdes matas
Cachoeiras e cascatas
De colorido sutil
E este lindo céu azul de anil
Emolduram em aquarela o meu Brasil.
[...]

Ilustra Cartoon/Arquivo da editora

OLIVEIRA, Silas de. Aquarela brasileira. Intérprete: Martinho da Vila. In: MARTINHO DA VILA. **Maravilha de cenário**. RCA Victor, 2003. 1 CD. Faixa 1.

1. Por que o título da canção é "Aquarela brasileira"?

2. Reveja o mapa político do Brasil na página 32 e encontre o nome de três estados que não apareceram na canção acima.

3. Como você descreveria o estado onde mora?

As grandes regiões brasileiras

Você aprendeu que o território brasileiro está organizado em 26 estados e um Distrito Federal. Agora vamos ver como esses estados podem ser agrupados em **regiões**.

O Instituto Brasileiro de Geografia e Estatística (IBGE) divide o território brasileiro em cinco grandes regiões: **Norte**, **Nordeste**, **Sudeste**, **Centro-Oeste** e **Sul**.

Para criar essa divisão foram observadas características naturais e socioeconômicas das diferentes porções do país e os limites estaduais. Essa divisão é utilizada para fins estatísticos, de políticas públicas, de planejamento, entre outros.

1 Observe no mapa abaixo a divisão regional do Brasil proposta pelo IBGE.

Brasil: grandes regiões

SIMIELLI, Maria Elena. **Atlas geográfico escolar**. São Paulo: Ática, 2013. p. 48.

- Agora, faça no caderno um quadro como o abaixo. Complete-o com os colegas e o professor usando as informações do mapa.

Região	Estados e Distrito Federal	Sigla	Capital

2 Em grupos, conversem a respeito do que vocês sabem sobre cada uma dessas regiões. Depois, apresentem as informações aos demais colegas da classe.

Região Sudeste

A região Sudeste concentra o maior número de grandes cidades do Brasil. Também é a região mais populosa, com mais de 85 milhões de habitantes no ano de 2014.

A industrialização no Brasil teve início no Sudeste, que ainda concentra a maior parte das indústrias do país, principalmente nas áreas próximas das cidades de São Paulo, Rio de Janeiro e Belo Horizonte.

Suas principais indústrias são:

- **Indústria de transformação** – **siderúrgica**, de máquinas, de cimento, alimentícia, têxtil, de vestuário, automobilística, entre outras.
- **Indústria extrativa** – produtos vegetais (madeira, borracha natural), pesca industrial, produtos minerais, entre outras.
- **Indústria da construção** – náutica, aeronáutica, **bélica**, aeroportos, hidrelétricas, construção civil, entre outras.

O mapa abaixo mostra os estados e as principais cidades do Sudeste.

indústria siderúrgica: ramo que se dedica à fabricação de aço e ferro.

indústria bélica: indústria que produz armamentos e materiais para guerra.

Região Sudeste: político

SIMIELLI, Maria Elena. **Atlas geográfico escolar**. São Paulo: Ática, 2013. p. 43.

1 Quais são as duas capitais economicamente mais desenvolvidas do país?

---

2 Discuta com os colegas e o professor o significado da área delimitada em vermelho no mapa. Fale sobre suas principais características.

Além de ser considerada a mais industrializada do país, a região Sudeste também apresenta um setor agrícola bastante desenvolvido, com destaque para a **agroindústria** – tipo de empresa que combina atividades agrícolas e industriais usando técnicas modernas e mão de obra especializada. Entre os principais produtos agrícolas da região destacam-se a cana-de-açúcar, a laranja e o café.

Apesar de predominante no Sudeste, a agroindústria tem se espalhado por outras regiões brasileiras, transformando produtos agrícolas para o consumo da população. Observe o mapa abaixo.

Região Sudeste: economia – 2015

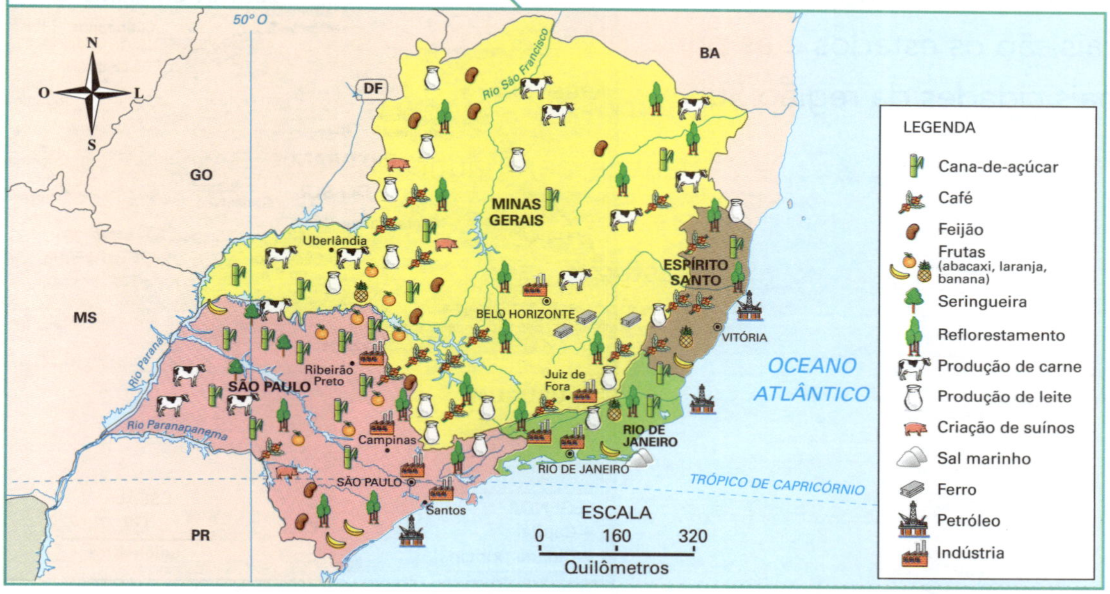

Mapa elaborado pela autora em 2016. IBGE. **Atlas geográfico escolar**. 7. ed. Rio de Janeiro, 2016. p. 128-131; IBGE. **Brasil em números**. Rio de Janeiro, 2016. v. 24, p. 226; Trabalho de campo/entrevista, DG-USP, 2015.

1 No mapa, marque as indústrias usando círculos **vermelhos** e as áreas de extração de petróleo fazendo círculos **verdes**.

2 Onde se localizam as indústrias na região Sudeste? E as áreas de extração de petróleo? ____________________________

____

3 Em que estado encontramos minério de ferro? ________________

4 Cite dois produtos fabricados na agroindústria a partir dos produtos agrícolas cultivados no Sudeste. ____________________________

Região Sul

A região Sul é a terceira mais populosa do país. Sua população ultrapassou os 29 milhões de habitantes no ano de 2014. Economicamente, é a segunda região mais importante do Brasil, com destaque para os setores agrícola e industrial.

Observe no mapa ao lado quais são os estados e as principais cidades da região Sul.

Região Sul: político

SIMIELLI, Maria Elena. **Atlas geográfico escolar**. São Paulo: Ática, 2013. p. 45.

1 Escreva o nome de quatro principais cidades dessa região.

____

____

2 Em que estado da região Sul as fronteiras de três países se encontram?

____

3 No oeste do estado do Paraná está situada a Usina Hidrelétrica **Binacional** de Itaipu. Veja a imagem de satélite da página 24 e responda: Com qual país vizinho o Brasil tem acordos sobre essa usina?

binacional: que pertence a dois países.

A região Sul recebeu grande número de imigrantes europeus para trabalhar na lavoura. Atualmente, grande parte de seus descendentes se dedica à agricultura e também à produção industrial e ao comércio. Nessa região predomina a população branca, descendente principalmente de imigrantes alemães e italianos.

A agricultura e a pecuária são atividades econômicas que se destacam na região Sul, além da atividade industrial. Observe o mapa ao lado.

1 Cite três produtos agrícolas cultivados nessa região.

____

____

2 Quais são os estados sulinos que se destacam na fruticultura? Circule de **vermelho**.

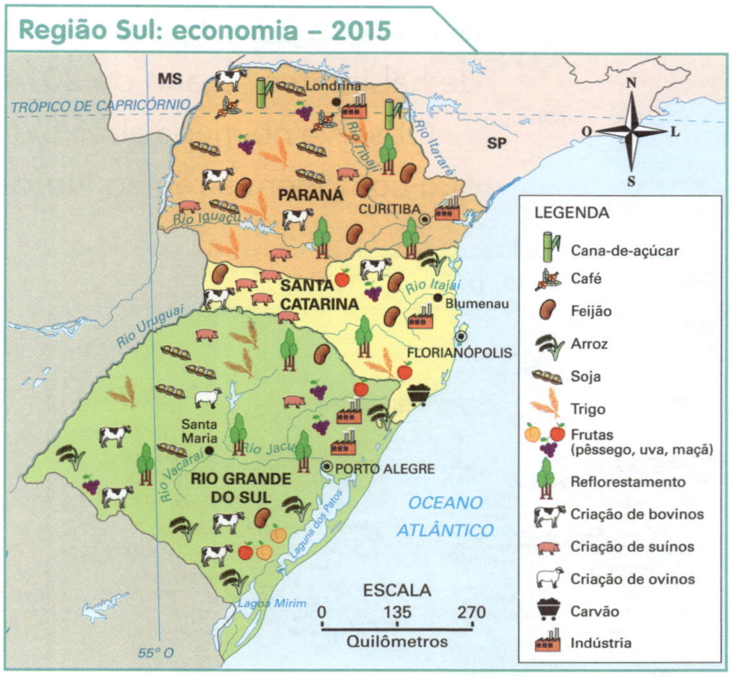

Banco de imagens/Arquivo da editora

Mapa elaborado pela autora em 2016. IBGE. **Atlas geográfico escolar**. 7. ed. Rio de Janeiro, 2016. p. 127-132; IBGE. **Brasil em números**. Rio de Janeiro, 2016. v. 24, p. 226; Trabalho de campo/entrevista, DG-USP, 2015.

Desafio

No sudoeste do Rio Grande do Sul há imensas áreas de areia, os areais. Algumas delas podem ser recuperadas com reflorestamento adequado e uso sustentável do solo.

Eri Tonietti Bellanca/Acervo do artista

1 Leia o poema.

Areais

Quando criança, nos campos da tia Amélia,
brinquei nos areais, ao sol do meio-dia.
Era proibido brincar, ao sol do meio-dia.
Quando adulto, nos campos da tia Amélia,
voltei aos areais.
Ao sol do meio-dia, lá eles não estão mais.

SUERTEGARAY, Dirce. **Deserto Grande do Sul**. Porto Alegre: Ed. da UFRGS, 1998. p. 69.

2 O que é areal? Você sabe o que aconteceu com os areais dos campos da tia Amélia? Converse com a turma sobre essa situação e se é possível fazer algo para solucioná-la.

Região Nordeste

O Nordeste do Brasil é uma região que apresenta grande variedade de paisagens, desde as praias do litoral, mais úmido, até o Sertão, que sofre com secas periódicas. É a segunda região mais populosa do país, com mais de 56 milhões de habitantes no ano de 2014.

Observe no mapa abaixo onde se localizam os estados e as principais cidades que compõem a região Nordeste.

Região Nordeste: político

Banco de imagens/Arquivo da editora

SIMIELLI, Maria Elena. **Atlas geográfico escolar**. São Paulo: Ática, 2013. p. 41.

1 Observe novamente o mapa e faça o que se pede.

a) Qual é a única capital nordestina que não está situada no litoral?

____

b) Cite o nome de outras quatro cidades importantes da região.

____

____

____

2 Escreva frases usando as seguintes palavras:

capital	Maceió	cidade	litoral
Alagoas	Piauí	interior	Picos

____

____

____

No Nordeste são desenvolvidas diversas atividades econômicas. A região se destaca como principal produtora de sal marinho e abriga importantes **jazidas** de petróleo.

Observe o mapa a seguir.

jazida: depósito natural de minerais ou fósseis economicamente exploráveis, encontrados no solo ou no subsolo de uma região.

Região Nordeste: economia – 2015

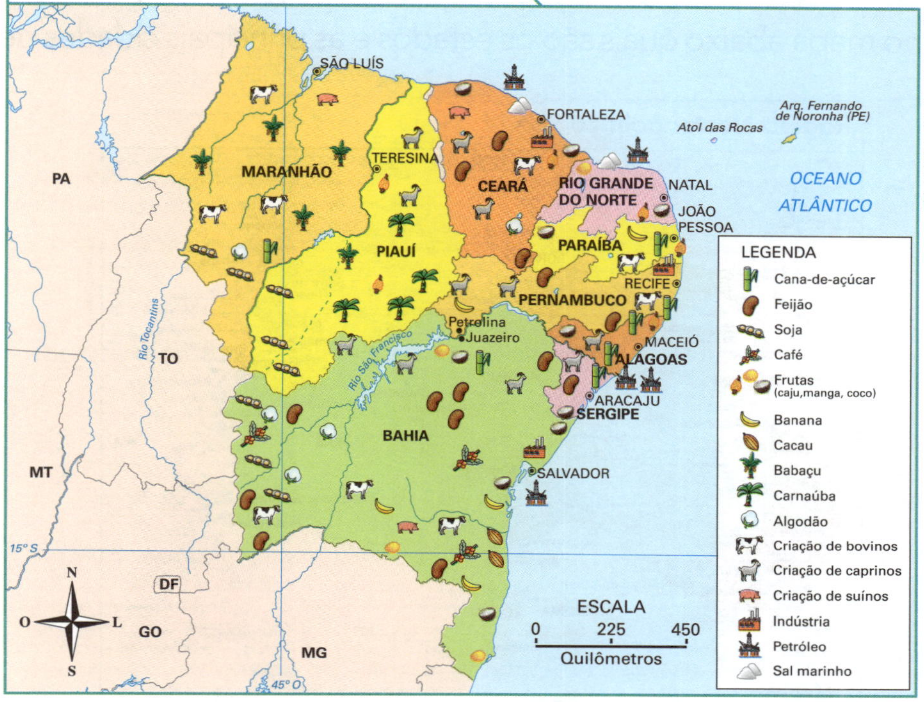

Mapa elaborado pela autora em 2016. IBGE. **Atlas geográfico escolar**. 7. ed. Rio de Janeiro, 2016. p. 127-132; IBGE. **Brasil em números**. Rio de Janeiro, 2016. v. 24, p. 226; Trabalho de campo/entrevista, DG-USP, 2015.

1 Com base no mapa, responda:

a) Quais são os principais produtos do extrativismo vegetal no Nordeste?

____

b) Quais são os principais produtos da agricultura da região?

____

2 Complete o quadro de acordo com o mapa.

Produtos	Principais estados produtores
Sal marinho	
Banana	
Criação de caprinos	

Região Norte

A região Norte é a maior do país em área e a menos povoada. Em 2014, a população contava com pouco mais de 17 milhões de habitantes.

É conhecida pela presença da Floresta Amazônica e de muitos rios. Também concentra a maior porcentagem da população indígena do país.

Observe no mapa abaixo quais são os estados e as principais cidades dessa região.

Região Norte: político

SIMIELLI, Maria Elena. **Atlas geográfico escolar**. São Paulo: Ática, 2013. p. 39.

1 Responda às questões:

a) Onde se localizam as principais cidades da região Norte?

____

b) E no estado de Rondônia, como as cidades se distribuem?

____

c) Comente com os colegas e o professor: Por que as cidades se distribuem dessa forma na região Norte?

2 Justifique a afirmação abaixo utilizando os mapas das páginas 141, 146 e 147.

A região Norte tem muita área verde e pouca gente.

A grande diversidade de espécies vegetais e animais da Floresta Amazônica e a abundância de minerais em seu subsolo fazem da região Norte um dos espaços mais ricos do mundo em recursos naturais. Atualmente, esses recursos estão sendo muito explorados.

Observe no mapa a seguir os principais produtos animais, vegetais e minerais encontrados na região Norte do país.

Região Norte: economia – 2015

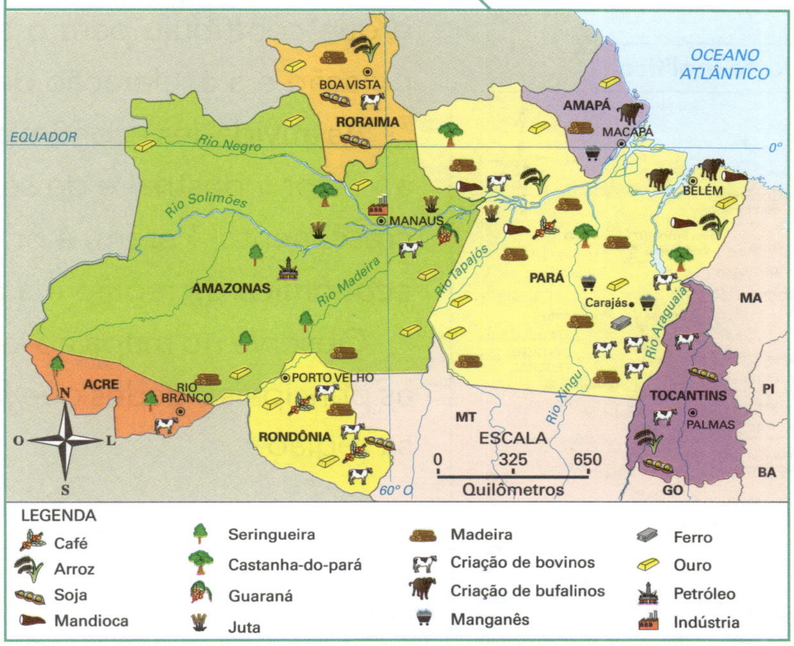

Banco de imagens/Arquivo da editora

Mapa elaborado pela autora em 2016. IBGE. **Atlas geográfico escolar**. 7. ed. Rio de Janeiro, 2016. p. 127-131,137; IBGE. **Brasil em números**. Rio de Janeiro, 2016. v. 24, p. 226; Trabalho de campo/entrevista, DG-USP, 2015.

1. Complete o quadro com as informações do mapa.

Dois produtos do extrativismo vegetal	Dois recursos minerais e energéticos

2. Marque no mapa as principais riquezas vegetais com círculos **vermelhos** e os principais recursos minerais com círculos **verdes**.

3. Considerando os pontos cardeais, onde a extração de madeira é maior? Anote ao lado do próprio mapa.

4. Sublinhe de **azul** o nome do estado da região Norte com maior concentração de recursos minerais.

Região Centro-Oeste

Embora tenha crescido bastante nos últimos setenta anos, a população do Centro--Oeste ainda é a menor do país. Em 1940, a região contava com pouco mais de 1 milhão de habitantes. No ano de 2014 já havia ultrapassado os 15 milhões.

A construção de Brasília, a abertura de estradas, o clima e o relevo favoráveis ao plantio e à pecuária, a facilidade para comprar terras, além de outros incentivos do governo, estão entre os fatores que atraíram migrantes para a região, o que contribuiu para o aumento da população e a aceleração da urbanização.

As atividades econômicas relacionadas ao setor industrial e de serviços estão em crescimento. Porém, a principal atividade econômica da região é a agropecuária.

Observe no mapa ao lado os estados e as principais cidades que fazem parte dessa região.

Região Centro-Oeste: político

SIMIELLI, Maria Elena. **Atlas geográfico escolar**. São Paulo: Ática, 2013. p. 47.

1 Cite quatro cidades importantes da região Centro-Oeste.

____

____

2 Por que a construção de Brasília atraiu migrantes para essa região? Troque ideias com os colegas e o professor.

Minha coleção de palavras de Geografia

Vamos ver uma palavra que é formada pela junção de duas outras.

AGROPECUÁRIA

- O que significa agropecuária?

As áreas de Cerrado e de floresta da região Centro-Oeste estão sendo cada vez mais ocupadas por plantações e criações de gado e, com isso, correm o risco de desaparecer.

Os produtos agrícolas mais cultivados nessa região são soja, algodão, milho, cana-de-açúcar e feijão. Na pecuária, destaca-se a criação de gado bovino, que representa o maior rebanho do país e se destina, em grande parte, aos frigoríficos do Sul e do Sudeste e à exportação.

Observe o mapa abaixo.

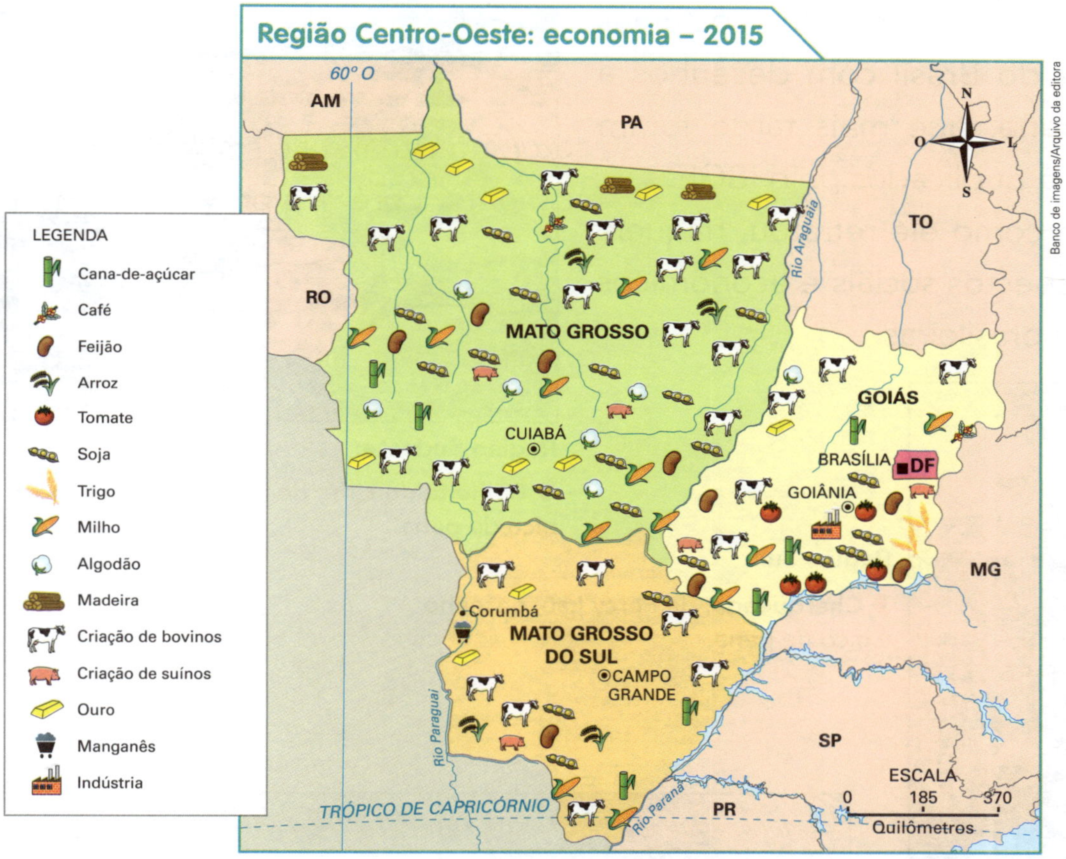

Mapa elaborado pela autora em 2016. IBGE. **Atlas geográfico escolar**. 7. ed. Rio de Janeiro, 2016. p. 127-132, 137; IBGE. **Brasil em números**. Rio de Janeiro, 2016. v. 24, p. 226; Trabalho de campo/entrevista, DG-USP, 2015.

1 Com base no mapa, responda:

a) Em que estado há mais jazidas de ouro? ______________________

b) Qual é o estado com a maior criação de gado bovino? ______________________

c) Onde estão concentradas as indústrias da região? ______________________

2 Qual é a grande ameaça para as áreas de floresta e de Cerrado da região Centro-Oeste? Discuta a questão com os colegas e o professor.

Representações regionais

Também podemos conhecer e estudar aspectos das regiões brasileiras por meio de representações gráficas, fotos, desenhos, filmes, charges, entre outras.

Nas décadas de 1950 e 1960, o desenhista Percy Lau retratou costumes e aspectos do Brasil com desenhos a **bico de pena**, que mais tarde foram agrupados e publicados pelo IBGE.

Observe como ele retratou, naquele período, aspectos sociais e econômicos das regiões brasileiras.

bico de pena: instrumento feito de pena de ganso ou de metal usado para escrever e desenhar com tinta nanquim.

Região Sudeste:

Colheita do café, de Percy Lau, desenho a bico de pena.

Região Sul:

Charqueada, de Percy Lau, desenho a bico de pena.

Região Nordeste:

Fabricante de farinha, de Percy Lau, desenho a bico de pena.

Região Norte:

› **Pesca do pirarucu**, de Percy Lau, desenho a bico de pena.

Região Centro-Oeste:

› **Boiadeiro**, de Percy Lau, desenho a bico de pena.

1 Converse com os colegas e o professor sobre as atuais atividades econômicas das regiões representadas por Percy Lau, com base no que vocês estudaram neste capítulo.

2 Agora, complete o quadro.

Região	Representações de 1950-1960	Atualmente
Sudeste	**Colheita do café**	
Sul	**Charqueada**	
Nordeste	**Fabricante de farinha**	
Centro-Oeste	**Boiadeiro**	
Norte	**Pesca do pirarucu**	

Desafio

Você vai fazer a representação de algumas atividades econômicas, como fez Percy Lau. Use a técnica de desenho que preferir ou faça colagens.

1 Desenhe ou cole imagens atuais das principais atividades econômicas de cada região. Anote o nome da atividade representada.

Região Norte

Região Sul

Região Nordeste

Região Centro-Oeste

Região Sudeste

2 Com três colegas, pesquisem três atividades econômicas importantes na região onde vocês vivem. Colem imagens dessas atividades em uma cartolina e escrevam um pequeno texto sobre a economia da região.

O QUE ESTUDAMOS

Eu escrevo e aprendo

As frases abaixo aparecem nos capítulos da unidade 3. Escreva, embaixo de cada uma delas, outra frase sobre o que você mais gostou de aprender em cada capítulo.

Capítulo 5 – Diferentes culturas e muitas cidades

O crescimento das cidades, impulsionado pelas atividades econômicas e pela migração do campo para a cidade, caracteriza o processo de **urbanização**.

____

____

Capítulo 6 – Diversidade regional

O Instituto Brasileiro de Geografia e Estatística (IBGE) divide o território brasileiro em cinco grandes regiões: **Norte**, **Nordeste**, **Sudeste**, **Centro-Oeste** e **Sul**.

____

____

Minha coleção de palavras de Geografia

Em cada capítulo desta unidade há uma palavra destacada. Com elas você fez atividades para saber como utilizá-las quando precisar escrever um pequeno texto de Geografia. Você vai agora preencher um quadro com as palavras ao lado.

PARANÁ, página 107.

AGROPECUÁRIA, página 124.

1. O que você aprendeu com essas duas palavras? Discuta com os colegas.
2. Em um quadro no caderno escreva essas duas palavras e o significado de cada uma delas. O significado deve estar ligado ao que você aprendeu no capítulo.

Eu desenho e aprendo

1 Os desenhos abaixo representam assuntos importantes estudados em cada capítulo da unidade 3. Observe-os atentamente.

Capítulo 5
Diferentes culturas e muitas cidades

Capítulo 6
Diversidade regional

Ilustrações: Ilustra Cartoon/Arquivo da editora

2 Agora é a sua vez! Para cada capítulo, faça um desenho do que você mais gostou de estudar ou achou importante conhecer nesta unidade. Se preferir, faça uma colagem.

Capítulo 5	Capítulo 6

Hora de organizar o que estudamos

Três principais grupos étnicos que compõem o povo brasileiro

- Indígenas
- Brancos
- Negros

Brincadeira do passa anel.

Jogo Heine Kuputisü.

Bonecas Abayomi.

Principais grupos de imigrantes que vieram para o Brasil

- Alemães
- Árabes
- Espanhóis
- Italianos
- Japoneses

Cinco regiões brasileiras

- Região Sudeste
- Região Sul
- Região Nordeste
- Região Centro-Oeste
- Região Norte

Sugestões de...

Livros

Editora Salamandra/Arquivo da editora

Amazonas: águas, pássaros, seres e milagres. Thiago de Mello, Salamandra, sem data.

O autor mostra a riqueza cultural do povo do Amazonas, o poder de cura das ervas, a beleza dos rios, do canto dos pássaros, do som dos animais e dos ventos.

Panda Books/Arquivo da editora

Meu avô alemão. Martin Wille, Panda Books, 2012.

A região Sul do Brasil recebeu imigrantes de diversos países, entre eles a Alemanha. Este livro conta a história de um garoto que aprende muitas coisas sobre a trajetória de seu avô, um imigrante alemão que veio para o Brasil ainda no século XX.

Companhia das Letrinhas/Arquivo da editora

Pipistrelo das mil cores. Zélia Gattai, Companhia das Letrinhas, 2011.

Pipistrelo é um animal muito diferente, que vive no Pantanal. Ele é capturado por três caçadores e acaba sendo levado para um zoológico numa cidade grande.

Fino Traço/Arquivo da editora

Viagem pelo rio São Francisco. Helena Guimarães Campos, Fino Traço, 2012.

O garoto Marcos foi passar suas férias na fazenda do avô, perto do rio São Francisco. Marcos achou tudo muito sem graça! Mas, com o tempo, o garoto viveu uma linda aventura e conheceu muitas coisas sobre esse rio tão importante para o Brasil.

Sites

Reprodução/<mapadobrincar.folha.com.br>

Mapa do brincar. Disponível em: <http://mapadobrincar.folha.com.br/projeto/>. Acesso em: 27 jul. 2017.

Este *site* reúne mais de 750 brincadeiras das crianças de norte a sul do Brasil. Cada brincadeira vem acompanhada de uma explicação sobre sua origem e sobre como brincar.

Reprodução/<www.museunacionaldomar.com.br>

Museu Nacional do Mar. Disponível em: <www.museunacionaldomar.com.br>. Acesso em: 27 jul. 2017.

O Museu Nacional do Mar está localizado na cidade de São Francisco do Sul, em Santa Catarina. Essa instituição se dedica a preservar embarcações brasileiras e contar a história de suas técnicas de construção.

Para você refletir e conversar

- De qual assunto você gostou mais nesta unidade?
- Você teve dificuldade para entender alguma atividade ou explicação?
- Escolha a imagem de que você mais gostou nesta unidade. Conte aos colegas o motivo de sua escolha.

Unidade 4

O ser humano e a natureza

Carlos Bourdiel/Arquivo da editora

- Você já observou como são as paisagens naturais? São todas iguais?
- Pense nas paisagens do município onde você mora. Qual delas chama mais sua atenção?
- O que o ser humano retira da natureza para fazer diferentes produtos?

Capítulo 7

O espaço natural brasileiro

Para iniciar

Leia o poema.

Minha terra

Todos cantam sua terra,
Também vou cantar a minha,
Nas débeis cordas da Lira
Hei de fazê-la rainha;

– Hei de dar-lhe a realeza
Nesse trono de beleza
Em que a mão da natureza
Esmerou-se em quanto tinha.

Correi pras bandas do sul
Debaixo de um céu de anil
Encontrareis o gigante
Santa Cruz, hoje Brasil;

– É uma terra de amores
Alcatifada de flores
Onde a brisa fala amores
Nas belas tardes de Abril.

Tem tantas belezas, tantas,
A minha terra natal,
Que nem as sonha o poeta
E nem as canta um mortal!
– É uma terra encantada
– Mimoso jardim de fada –
Do mundo todo invejada,
Que o mundo não tem igual.
[...]

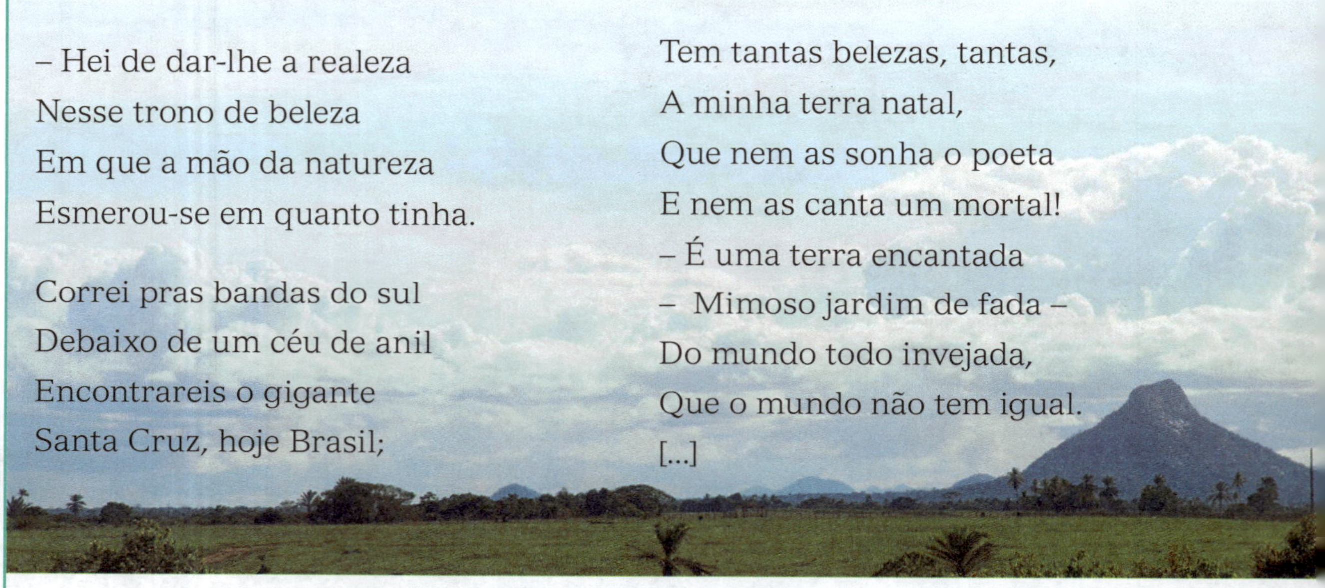

Paulo Vilela/Shutterstock

ABREU, Casimiro de. **As primaveras**. Rio de Janeiro: Vermelho Marinho, 2016.

1. No poema, circule as palavras que você não conhece. Com o professor, procure o significado dessas palavras no dicionário.

2. Cite duas belezas que o poeta escreveu sobre o Brasil.

3. Fale aos seus colegas e ao professor sobre aquilo de que você mais gosta no Brasil.

4. Em sua opinião, o Brasil só possui belezas? Explique.

Altitudes médias e muitos rios

No Brasil, as principais formas de relevo são os **planaltos**, as **planícies** e as **depressões**.

Observe no mapa ao lado como essas formas de relevo se distribuem pelo território brasileiro.

Brasil: relevo

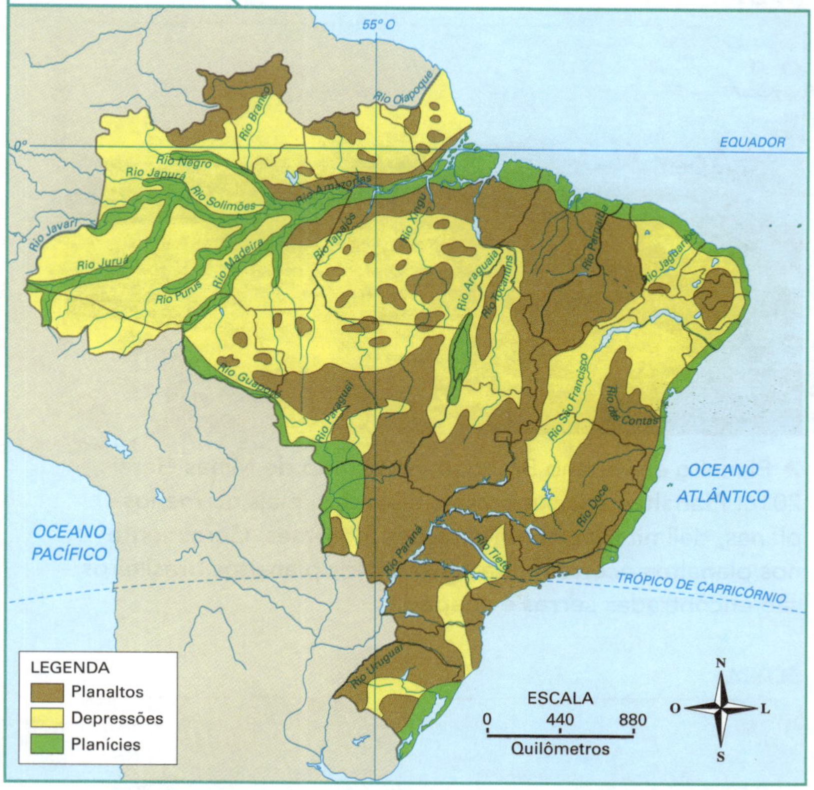

Banco de imagens/Arquivo da editora

SIMIELLI, Maria Elena. **Geoatlas**. São Paulo: Ática, 2013. p. 114.

1 Qual é a forma de relevo predominante no Brasil? E no estado onde você mora?

____

____

2 Que forma de relevo acompanha o rio Amazonas, maior rio brasileiro em extensão?

____

____

3 Localize no mapa o rio São Francisco e o rio Paraná. Identifique em que forma de relevo eles estão situados.

____

____

Como vimos, as principais formas de relevo que ocorrem no Brasil são os **planaltos**, as **planícies** e as **depressões**. Observe a ilustração e as fotos a seguir.

PLANALTO

João Prudente/Pulsar Imagens

Planalto em Bueno Brandão, no estado de Minas Gerais, 2016. **Planaltos** são superfícies elevadas, mais ou menos planas, delimitadas por inclinações íngremes. Geralmente nos planaltos ocorre muita erosão. Nos planaltos brasileiros são encontradas **serras** e **chapadas**.

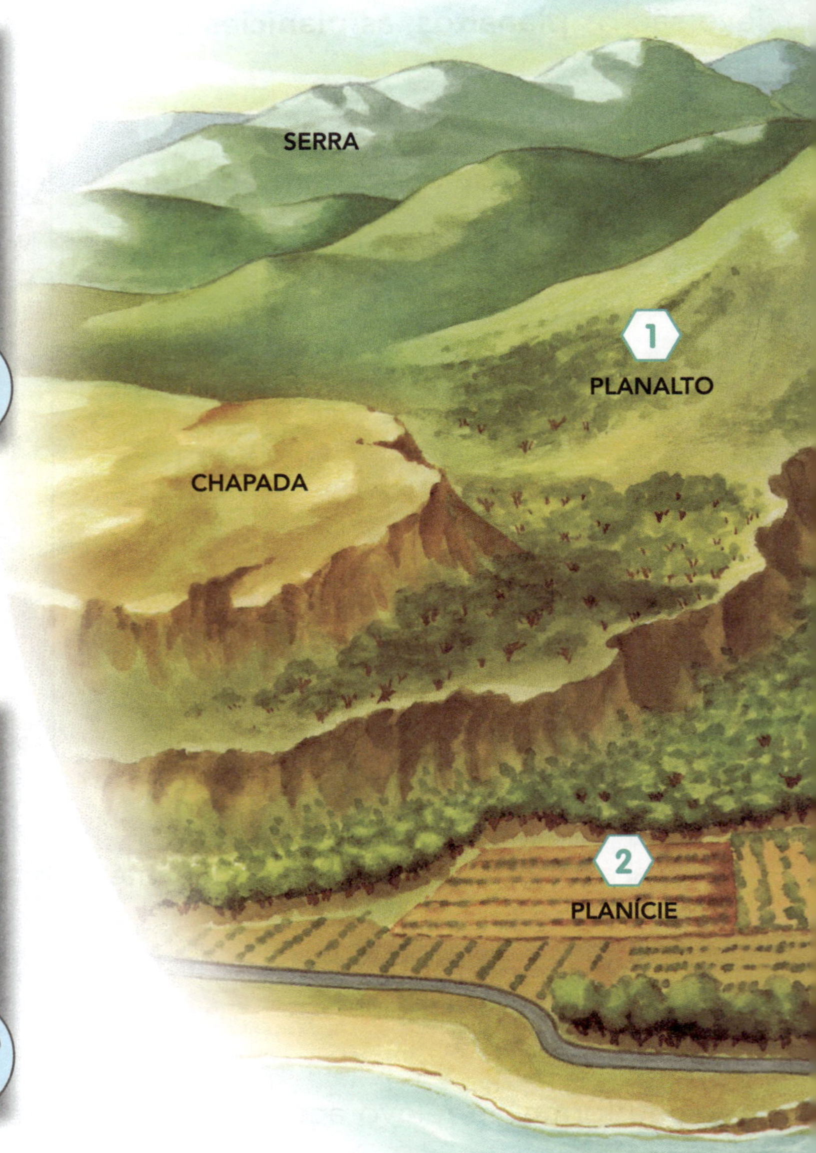

SERRA

Ricardo Azoury/Pulsar Imagens

Serra em São Francisco do Sul, no litoral do estado de Santa Catarina, 2016. **Serras** são superfícies com fortes desníveis, como as escarpas de planaltos.

CHAPADA

André Dib/Pulsar Imagens

Chapada Diamantina, em Palmeiras, no estado da Bahia, 2016. **Chapadas** são planaltos com o topo plano, em forma de mesa.

Ingeborg Asbach/Arquivo da editora

PLANÍCIE

Andre Dib/Pulsar Imagens

Planície no Parque Nacional do Pantanal Mato-Grossense, em Poconé, no estado de Mato Grosso, 2014. **Planícies** são superfícies planas ou pouco onduladas, geralmente situadas em baixas altitudes e caracterizadas pela sedimentação.

DEPRESSÃO

Alamy/Fotoarena

Depressão no Parque Nacional dos Veadeiros, em Alto Paraíso de Goiás, no estado de Goiás, 2014. **Depressões** são áreas rebaixadas entre áreas mais elevadas (planaltos). Apresentam formas planas ou levemente onduladas.

E as cadeias de montanhas?

Alamy/Fotoarena

Vista das Montanhas Rochosas nos Estados Unidos, 2016. **Montanhas** são áreas muito elevadas, com as laterais bastante inclinadas. Geralmente aparecem agrupadas, formando cadeias montanhosas ou cordilheiras. No Brasil não existem cadeias de montanhas.

Os **rios** sempre correm de lugares de maior altitude para lugares de menor altitude. Suas águas retiram sedimentos das partes mais altas (dos planaltos, por exemplo) e os depositam nas partes mais baixas (como as planícies).

Observe a ilustração.

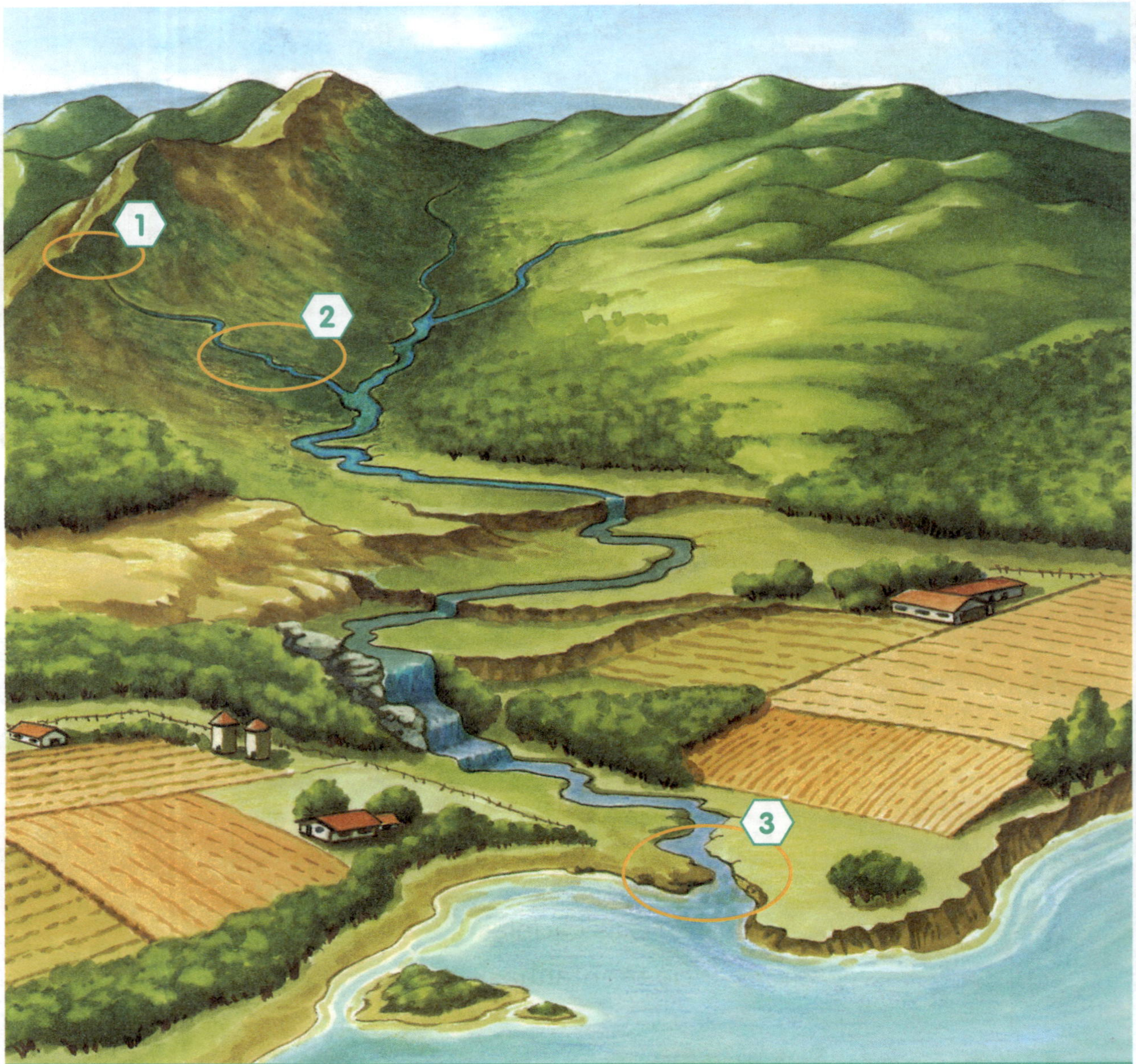

Ingeborg Asbach/Arquivo da editora

1 **Nascente**: lugar onde o rio nasce.

2 **Afluente**: rio que deságua em outro rio.

3 **Foz**: lugar onde o rio termina, isto é, onde lança suas águas – pode ser em outro rio, no mar ou num lago.

Identifique na ilustração: as **nascentes** com o número 1, os **afluentes** com o número 2 e a **foz** dos rios com o número 3.

A área ocupada por um rio principal e seus afluentes é chamada de **bacia hidrográfica**. Observe ao lado o mapa que mostra a divisão e a localização das principais bacias hidrográficas brasileiras.

Mapa elaborado pela autora em 2016. AGÊNCIA NACIONAL DE ÁGUAS (ANA). **Conjuntura dos recursos hídricos no Brasil**. Brasília, 2015. p. 22.

1. Que bacia hidrográfica ocupa a maior parte do território brasileiro?

   ____

2. O estado onde você mora situa-se em qual bacia hidrográfica?

   ____

3. Agora você vai utilizar a rosa dos ventos copiada da página 46. Coloque-a sobre o mapa, leia as informações a seguir e responda em que direção correm os rios:

   a) São Francisco, que nasce na serra da Canastra e tem sua foz no oceano Atlântico. ______________________________

   b) Paraná, que depois de percorrer estados brasileiros e outros países, despeja suas águas no oceano Atlântico. ______________________________

Minha coleção de palavras de Geografia

Neste capítulo você estudou a hidrografia do Brasil. Agora, pense o que os rios têm a ver com os oceanos.

OCEANO

1. O que é um oceano?
2. Você sabia que as águas dos rios brasileiros vão para o oceano Atlântico? Por que isso acontece?

Um país tropical

Brasil: previsão do tempo – 21/9/2016

Banco de imagens/Arquivo da editora

FOLHA de S.Paulo. 21 set. 2016. (Adaptado.)

Diariamente na televisão, no rádio e nos jornais divulgam-se notícias sobre as condições do tempo em algumas regiões: como está o tempo hoje, como estará amanhã, se vai fazer frio ou calor, se vai chover ou não. Em geral, usamos a palavra **tempo** para indicar as condições da atmosfera, principalmente a temperatura e a umidade nos diferentes horários do dia. Veja o mapa.

1 De acordo com o mapa, que tempo predominou nas capitais dos estados no dia 21/9/2016? ____________________

2 Em quais capitais choveu? ____________________

3 Os números que aparecem próximos do nome das capitais indicam a temperatura mínima (mais baixa) e a máxima (mais alta) ao longo do dia. A temperatura é medida em graus: 23 °C = 23 graus Celsius. Sabendo disso, responda:

a) Que capital teve previsão de temperatura mais alta? ____________________

b) Onde fez mais frio? ____________________

c) Qual foi a previsão do tempo para a capital do estado onde você mora?

____

____

O **clima** de um lugar depende das condições do tempo que são predominantes na maior parte do ano e que se repetem ano após ano.

A luz e o calor do Sol atingem a superfície da Terra com intensidades diferentes: há regiões que são iluminadas diretamente pelos raios solares e outras em que esses raios chegam mais inclinados, sendo mais frias. Cada uma dessas regiões recebe o nome de **zona climática**.

O planeta Terra é dividido em três zonas climáticas, separadas por linhas imaginárias.

Mundo: zonas climáticas

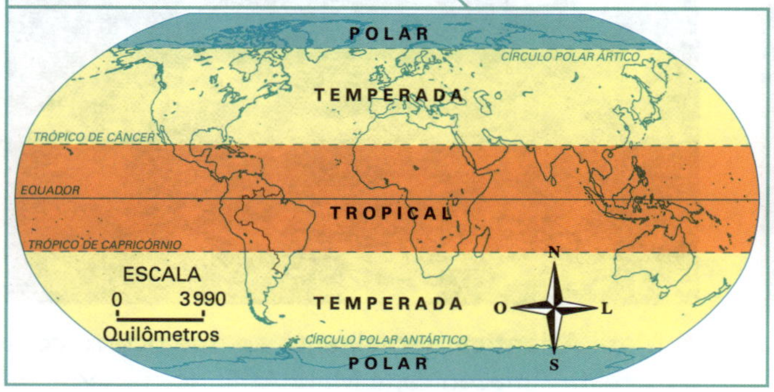

GIRARDI, G.; ROSA, J. V. **Atlas geográfico**. São Paulo: FTD, 2016. p. 160.

Zonas polares
Nestas regiões faz muito frio o ano todo, as terras são geladas e praticamente não são habitadas.

Zona temperada
Nestas regiões as estações do ano são bem definidas e as temperaturas são mais baixas do que na zona tropical.

Zona tropical
Nestas regiões o calor é predominante o ano todo, sobretudo nas áreas próximas à linha do Equador.

Quase a totalidade do território brasileiro está situada na zona tropical, que é a região mais quente do planeta Terra. Por essa razão, podemos dizer que os climas brasileiros são predominantemente quentes. A região Sul é a única que está fora dessa zona.

Brasil: clima

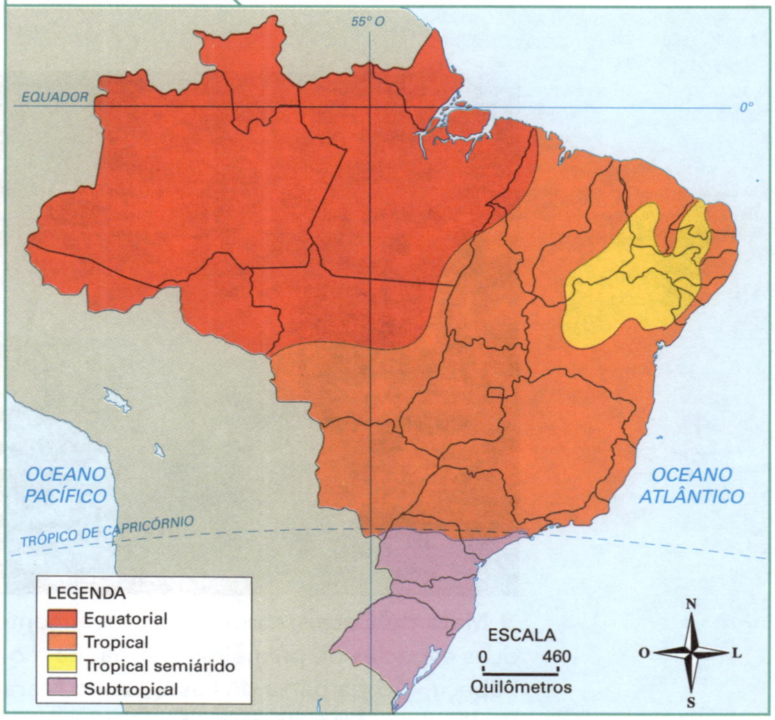

ROSS, Jurandyr (Org.). **Geografia do Brasil**. 6. ed. São Paulo: Edusp, 2014. p. 107.

1 Com base no mapa ao lado, anote o tipo de clima predominante no estado onde você mora.

____

2 Agora preste atenção: indique um tipo de clima bem diferente daquele que predomina no estado onde você mora.

____

A existência de diferentes tipos de **vegetação** está relacionada à disponibilidade de água e ao tipo de clima e de solo do local.

Observe nas fotos a seguir as principais paisagens vegetais típicas do Brasil e leia nas legendas as características de cada uma delas.

Marcos Amend/Pulsar Imagens

Floresta Amazônica: apresenta vários tipos de espécies vegetais de diferentes alturas, árvores muito altas e próximas umas das outras. O clima nessa região é quente e úmido. Originalmente, estendia-se por mais da metade do território brasileiro. Hoje está bastante desmatada. Na foto, Caracaraí, no estado de Roraima, 2016.

Edson Grandisoli/Pulsar Imagens

Mata Atlântica: semelhante ao que ocorre com a Floresta Amazônica, a Mata Atlântica reúne formações vegetais variadas, que incluem desde árvores altas até plantas rasteiras. Foi bastante desmatada e está quase desaparecida de sua área original. Na foto, São Lourenço da Serra, no estado de São Paulo, 2016.

Delfim Martins/Pulsar Imagens

Mata de Cocais: formada principalmente por duas espécies de palmeira: a carnaúba e o babaçu. Ocupa parte dos estados do Maranhão e do Piauí. Na foto, Nazária, no estado do Piauí, em 2015.

Gerson Gerloff/Pulsar Imagens

Mata dos Pinhais: ocorre nas áreas mais frias e de maior altitude do sul do Brasil. A espécie predominante é o pinheiro-do-paraná ou araucária. Na foto, São Francisco de Paula, no estado do Rio Grande do Sul, 2015.

Caatinga: vegetação adaptada à escassez de água. Quase todas as plantas perdem as folhas na época da seca. Na época da chuva a vegetação é verde e viçosa. É predominante no sertão do Nordeste. Na foto, Rio do Pires, no estado da Bahia, 2014.

Campos: ocorrem principalmente no Sul do Brasil. São formados por gramíneas e ervas baixas. Na foto, São Gabriel, no estado do Rio Grande do Sul, 2014.

Vegetação litorânea: acompanha o litoral brasileiro. É representada pelos mangues e pela vegetação de dunas. Na foto, Porto das Pedras, no estado de Alagoas, 2016.

Vegetação do Pantanal: é muito variada; apresenta matas fechadas, campos limpos ou cerrados. Ocorre na área do Pantanal. Na foto, Poconé, no estado de Mato Grosso, 2014.

Cerrado: vegetação caracterizada por pequenas árvores de troncos torcidos e recurvados e de folhas grossas espalhadas em meio a uma vegetação rala e rasteira, misturando-se, às vezes, com campos limpos ou matas de árvores não muito altas. Predomina no Centro-Oeste do Brasil. Na foto, Pirenópolis, no estado de Goiás, em 2015.

Alguns tipos de vegetação foram intensamente desmatados, pouco restando de sua área original.

Observe no mapa abaixo a distribuição de cada tipo de vegetação natural do Brasil antes que os seres humanos começassem a ocupar o território e a desmatar as florestas.

Brasil: vegetação natural

SIMIELLI, Maria Elena. **Geoatlas**. São Paulo: Ática, 2013. p. 120.

Correlação entre vegetação e clima.

- equatorial: ____________.
- tropical: ____________.
- tropical semiárido: ____________.
- subtropical: ____________.

1. Escreva o nome da vegetação natural que ocupava a maior área do Brasil.

2. Vimos que os tipos de vegetação estão relacionados aos tipos de clima de um lugar. Compare o mapa acima com o mapa de clima da página 143. Depois, escreva no quadro o nome da vegetação natural que ocorre nos climas selecionados.

3. Observe novamente as paisagens das páginas 144 e 145. Qual delas retrata a vegetação natural do estado onde você mora?

Grande parte da vegetação natural do planeta Terra foi modificada ou desapareceu por causa da ação humana. Há séculos os seres humanos modificam as florestas e matas para fazer cultivos, pastos, construir cidades ou estradas, entre outras transformações.

Compare o mapa ao lado com o mapa da página anterior.

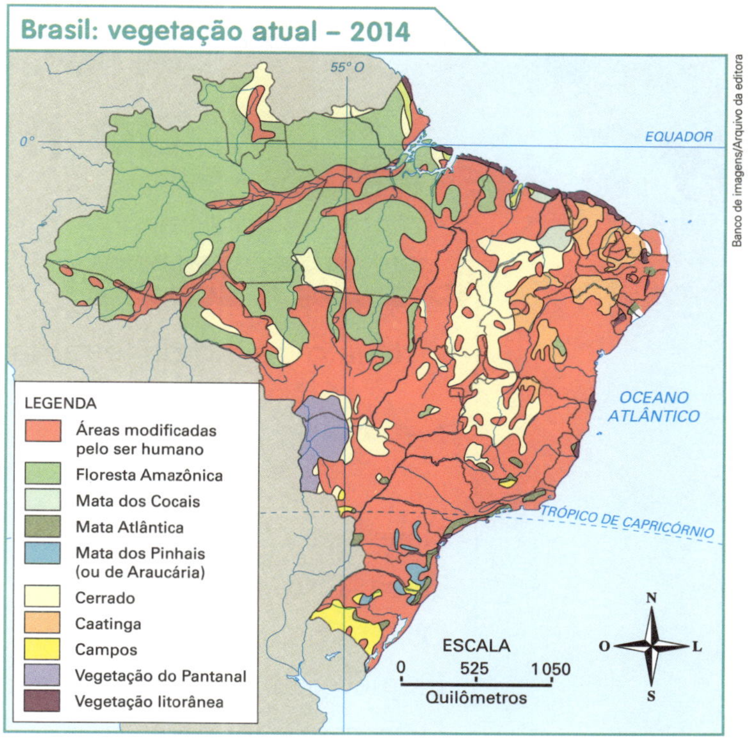

SIMIELLI, Maria Elena. **Geoatlas**. São Paulo: Ática, 2013. p. 121.

1 O que aconteceu com a Mata Atlântica e com a Mata dos Pinhais?

____

____

2 O que está acontecendo com o Cerrado e com a Floresta Amazônica?

____

Assim também aprendo

1 Observe a tira a seguir e discuta com os colegas e o professor sobre os dois primeiros quadrinhos. Você deve falar sobre dois possíveis problemas que poderão acontecer nesse lugar.

2 Agora, com base em toda a tira, escreva um pequeno texto sobre a importância das árvores. Entregue ao professor.

Capítulo 8

A ação humana no meio natural

Para iniciar

Leia o trecho da letra da canção a seguir.

Estrelada

[...]
Nave mãe e o nosso lar
Terra, Terra, és tão delicada
Os teus homens não têm juízo
Esqueceram tão grande amor
Ofereces os teus tesouros
Mas ninguém dá o teu valor
Terra, Terra, eu sou teu filho
Como as plantas e os animais
[...]

Ilustra Cartoon/Arquivo da editora

NASCIMENTO, Milton; BORGES, Márcio. Intérprete: Milton Nascimento. In: **Angelus**. Warner Music Brasil, 1994. 1 CD. Faixa 2.

1 A canção diz que a Terra oferece seus tesouros aos seres humanos. Que tesouros são esses?

2 O que significa o verso "Mas ninguém dá o teu valor"?

Extrair para usar

O ser humano produz tudo de que necessita para viver: moradias, roupas, alimentos, móveis, veículos, utensílios domésticos e muito mais.

Para fabricar esses produtos, ele usa **recursos** que a natureza oferece: luz solar, água, solo, minerais, vegetais, animais, entre outros.

A **atividade extrativa**, ou **extrativismo**, consiste em retirar recursos da natureza para consumo ou fabricação de produtos.

Observe as imagens a seguir e conheça os diferentes tipos de extrativismo.

Vegetal

Extração de madeira ou de substâncias e folhas de alguns vegetais para a fabricação de produtos.

Animal

Pesca e caça de animais para o consumo humano e para a fabricação de produtos.

Mineral

Extração de minerais, como ouro, carvão mineral, entre outros, para a fabricação de produtos.

Ilustrações: Ilustra Cartoon/Arquivo da editora

1 Com a orientação do professor, reúna-se com dois colegas. Identifiquem produtos fabricados com recursos naturais obtidos a partir do extrativismo.

2 Apresente para a classe um exemplo de cada tipo de extrativismo.

As fotos a seguir mostram diferentes maneiras de extrair recursos da natureza. Algumas atividades extrativas são executadas de modo simples e tradicional, enquanto outras foram totalmente modernizadas e são desenvolvidas com **tecnologia** avançada.

tecnologia: conjunto de conhecimentos técnicos e científicos usado nas atividades humanas.

Extrativismo vegetal

Ricardo Azoury/Pulsar Imagens

Colheita de açaí em Cachoeira do Arari, no estado do Pará, 2015.

Extrativismo animal

Gerson Gerloff/Pulsar Imagens

Pesca com redes em Tavares, no estado do Rio Grande do Sul, 2014.

Extrativismo mineral

Nereu Jr/Fotoarena

Extração de minério de ferro em São Gonçalo do Rio Abaixo, no estado de Minas Gerais, 2015.

1. Observe nas situações acima diferentes técnicas empregadas na extração de recursos naturais. Indique em qual dessas situações o uso da tecnologia está mais presente.

____

2. Procure saber se no município ou estado onde você mora é praticado algum tipo de extrativismo. Comente com os colegas e o professor.

Pesquise

Os seringueiros e muitos grupos indígenas brasileiros dependem da Floresta Amazônica para viver.

Os seringueiros da Floresta Amazônica utilizam técnicas que conservam a vegetação natural ao retirar o **látex** das seringueiras. As árvores não são derrubadas.

Em outras regiões do Brasil, porém, as seringueiras são plantadas, como você vê na foto 2.

látex: seiva de certas árvores, como a seringueira, utilizada para fabricar a borracha.

Yasuyoshi Chiba/AFP

Extração de látex em Xapuri, no estado do Acre, 2014.

Thomaz Vita Neto/Pulsar Imagens

Extração de látex em Neves Paulista, no estado de São Paulo, 2014.

1. As duas fotos mostram áreas com seringueiras. Que diferença você percebe entre elas?

____

____

2. Você já sabe o nome de dois estados brasileiros onde há seringueiras. Anote o nome desses estados e descubra mais um estado onde existem essas árvores. Consulte os mapas das páginas 32 e 123.

____

Muitas vezes, ao extrair e utilizar os recursos naturais, os seres humanos transformam as paisagens e alteram o ambiente. Essas alterações podem ter maior ou menor impacto, mas sempre modificam a natureza.

No município de Itabira, no estado de Minas Gerais, houve grande extração de minério de ferro, principalmente no pico do Cauê. Compare as fotos a seguir.

Miguel Brescia/Arquivo da editora

Itabira, no estado de Minas Gerais, na década de 1930, com o pico do Cauê ao fundo.

Gustavo Lacerda/Acervo do fotógrafo

Itabira, na década de 1990. Após a extração do minério de ferro, nota-se que o pico do Cauê desapareceu por completo.

Podemos perceber, ao comparar as fotos acima, que a extração de minérios provoca alterações prejudiciais no ambiente.

Outro exemplo é o mercúrio utilizado na extração do ouro. O mercúrio polui os rios, pois é tóxico e é jogado diretamente nas águas. Com isso, milhares de peixes são envenenados, ameaçando espécies e prejudicando a saúde das pessoas que deles se alimentam.

Diego Padgurschi/Folhapress

Dragas extraem ouro no leito do rio Madeira em Novo Aripuanã, no estado do Amazonas, 2016.

1 O que você percebeu ao comparar as fotos de Itabira?

2 Procure descobrir outras mudanças negativas que a extração de minérios provoca no ambiente. Depois, discuta com os colegas e o professor.

Os minerais são utilizados na fabricação de muitos objetos do nosso dia a dia. Você já prestou atenção nisso?

Observe na ilustração alguns materiais e objetos presentes na maioria das moradias.

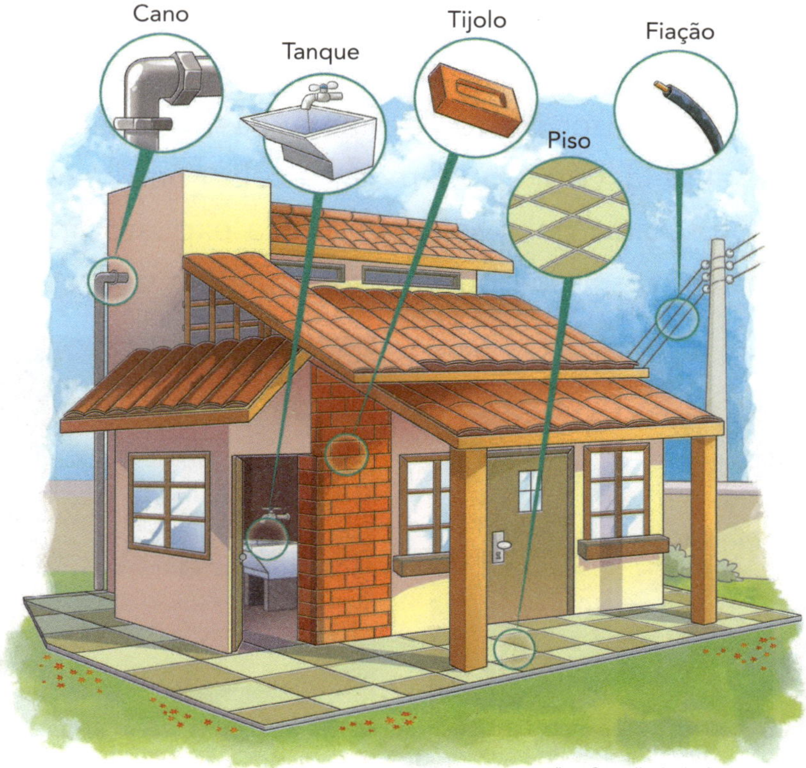

Ilustra Cartoon/Arquivo da editora

Converse com seus colegas e professor e identifique os minerais que podem ter sido usados na fabricação de cada item destacado na ilustração.

Saiba mais

E o sal que é usado na sua alimentação de todo dia, você sabe de onde vem?

Ele é um recurso mineral que, no Brasil, é extraído em áreas próximas ao mar.

A água do mar fica represada em tanques até evaporar completamente, restando apenas o sal. Esse sal bruto das salinas é transformado no nosso sal de cozinha.

O estado brasileiro que tem a maior produção de sal marinho é o Rio Grande do Norte.

Você conhece outros objetos ou produtos feitos a partir de minerais? Quais?

____

____

O solo e a cobertura vegetal

O solo é a camada mais superficial da Terra. Sobre ele andamos, plantamos, erguemos construções. É no solo que se fixam as raízes das plantas, e é dele que elas retiram os nutrientes necessários para se desenvolverem.

A cobertura vegetal protege o solo. Porém, para construir casas, instalar indústrias, abrir estradas, fazer pastos e plantações, entre outras coisas, o ser humano costuma retirá-la, como podemos perceber nas imagens abaixo.

O solo, antes protegido pela vegetação, fica exposto ao calor do Sol, ao vento e à água das chuvas. Isso pode provocar seu empobrecimento e erosão.

Bruno Kelly/Greenpeace

Gado em área desmatada em Aripuanã, no estado de Mato Grosso, 2015.

Ernesto Reghran/Pulsar Imagens

Colheita mecanizada de milho em Cornélio Procópio, no estado do Paraná, 2015.

Compare as imagens e responda:

a) O que você percebe nas fotos?

b) O que aconteceu com a vegetação original?

Minha coleção de palavras de Geografia

Você viu que há diferentes formas de uso do solo. Agora você vai conhecer um processo de desgaste e empobrecimento desse importante recurso natural.

EROSÃO

Vá até a página 156 e analise a foto da voçoroca pensando na palavra **erosão**. Em seguida, escreva o que significa essa palavra. Por fim, junto com o professor, veja o significado dela.

Desafio

O solo é um recurso natural e, como todos os outros, é muito importante para os seres vivos. Observe o desenho abaixo e leia as legendas.

LEPSCH, Igo F. **Formação e conservação dos solos**. São Paulo: Oficina de Texto, 2010. p. 26. (Adaptado.)

1 Agora que você já observou o desenho e leu as legendas, escreva uma ou mais frases usando as palavras a seguir.

recurso natural	solo	animais	vegetais

____

____

2 Procure saber para que serve o solo, além das utilidades que você já conhece. Anote o que descobrir.

____

____

A agricultura, a pecuária e o extrativismo são atividades desenvolvidas nos solos. Da mesma forma que a água, o solo é um recurso natural essencial para nós e para as gerações futuras. Por isso, é preciso usá-lo de forma correta e responsável.

Agora, vamos conhecer algumas consequências que práticas inadequadas podem causar aos solos e aos seres vivos.

Andre Dib/Pulsar Imagens

As queimadas, muito comuns nas áreas rurais brasileiras, diminuem a fertilidade do solo. Na foto, queimada em Alto Paraíso de Goiás, no estado de Goiás, 2016.

Gerson Gerloff/Pulsar Imagens

O desmatamento acelera a erosão, abrindo buracos profundos no solo. Na foto, voçoroca em Cacequi, no estado do Rio Grande do Sul, 2015.

Fabio Colombini/Acervo do fotógrafo

Quando há muitas cabeças de gado em um espaço pequeno, não há tempo para a pastagem se recompor. O solo fica exposto e ocorre a erosão. Na foto, gado em Poconé, no estado de Mato Grosso, 2014.

Lunae Parracho/ Reuters/Latinstock

A retirada da cobertura vegetal expõe o solo à erosão. Na foto, área desmatada na Floresta Amazônica, no estado do Acre, 2014.

Dirceu Portugal/Folhapress

Os pesticidas, usados para eliminar as pragas das lavouras, contaminam o solo e as águas subterrâneas. Na foto, pulverização de pesticidas em Campo Mourão, no estado do Paraná, 2015.

Mario Friedlander/Pulsar Imagens

A mineração requer a retirada da vegetação, deixando o solo descoberto. Para a retirada do minério, o solo é escavado cada vez mais profundamente. Na foto, garimpo de ouro em Poconé, no estado de Mato Grosso, 2014.

Que alternativas você apresentaria para amenizar cada uma das situações retratadas?

Nas cidades, o uso inadequado do solo também provoca sérios problemas ambientais. Vamos conhecer os problemas mais frequentes que atingem as áreas urbanas.

Edilson Lima/AGÊNCIA A TARDE/Estadão Conteúdo

Quando as encostas são ocupadas de forma irregular, parte da vegetação é retirada e o solo fica exposto. Em épocas de chuvas fortes podem ocorrer deslizamentos de terra e desabamentos de construções. Na foto, Salvador, no estado da Bahia, 2015.

Luis Blanco/Fotoarena

As construções e o asfalto provocam a **impermeabilização** do solo nas cidades, impedindo que as águas das chuvas penetrem na terra. Quando caem chuvas fortes, podem ocorrer inundações. O lixo jogado nas ruas torna esse problema ainda mais grave. Na foto, São Paulo, no estado de São Paulo, 2015.

impermeabilização: ato de impermeabilizar, de não deixar a água passar.

Jorge Araujo/Folhapress

A construção de moradias em áreas de mata e mananciais de rios é proibida por lei, porque provoca desmatamento e polui os rios. As casas que estão próximas da represa estão em um programa de remoção para recuperação das áreas de mananciais. Na foto, São Paulo, no estado de São Paulo, 2015.

Responda às questões.

a) Quais desses problemas ocorrem no município onde você mora? Discuta com os colegas o que pode ser feito para evitá-los. Depois anote.

____

____

b) Por que o lixo jogado nas ruas agrava o problema das inundações nas cidades?

____

____

TECENDO SABERES

Nesta ilustração estão representadas **situações-problema** provocadas pela ocupação desordenada em um morro. Observe:

1 Cite os problemas indicados pelos números 1, 2 e 5.

Félix Reiners/Arquivo da editora

MENEGAT, Rualdo (Coord.). **Atlas ambiental de Porto Alegre**. Porto Alegre: Ed. da UFRGS, 2006. p. 153. (Adaptado.)

2 O que poderia ser feito para evitar os problemas indicados pelos números 3, 4 e 6?

____

____

____

3 Identifique mais dois problemas representados no desenho. Apresente-os para os colegas.

O QUE ESTUDAMOS

Eu escrevo e aprendo

As frases abaixo aparecem nos capítulos da unidade 4. Escreva, embaixo de cada uma delas, outra frase sobre o que você mais gostou de aprender em cada capítulo.

Capítulo 7 – O espaço natural brasileiro

No Brasil, as principais formas de relevo são os planaltos, as planícies e as depressões.

___

___

Capítulo 8 – A ação humana no meio natural

Muitas vezes, ao extrair e utilizar os recursos naturais, os seres humanos transformam as paisagens e alteram o ambiente.

___

___

Minha coleção de palavras de Geografia

OCEANO, página 141.

EROSÃO, página 154.

Em cada capítulo desta unidade há uma palavra destacada. Com elas você fez atividades para saber como utilizá-las quando precisar escrever um pequeno texto de Geografia. Você vai agora preencher um quadro com as palavras ao lado.

1. O que você aprendeu com essas duas palavras? Discuta com os colegas.

2. Em um quadro no caderno escreva essas duas palavras e o significado de cada uma delas. O significado deve estar ligado ao que você aprendeu no capítulo.

Eu desenho e aprendo

1 Os desenhos abaixo representam assuntos importantes estudados em cada capítulo da unidade 4. Observe-os atentamente.

Capítulo 7
O espaço natural brasileiro

Capítulo 8
A ação humana no meio natural

Ilustrações: Ilustra Cartoon/Arquivo da editora

2 Agora é a sua vez! Para cada capítulo, faça um desenho do que você mais gostou de estudar ou achou importante conhecer nesta unidade. Se preferir, faça uma colagem.

Capítulo 7	Capítulo 8

Hora de organizar o que estudamos

Espaço natural

- relevo
- hidrografia
- clima
- vegetação

Tipos de relevo no Brasil

- planalto
- planície
- depressão

Recursos naturais

- luz solar, água, solo, minerais, vegetais, animais, entre outros

Tipos de extrativismo

- Vegetal

- Animal

- Mineral

Ilustrações: Ilustra Cartoon/Arquivo da editora

Práticas inadequadas do uso do solo

- No campo: desmatamento.
- Na cidade: impermeabilização do solo e ocupação de encostas e áreas de mananciais.

Ilustra Cartoon/Arquivo da editora

Sugestões de...

Livros

A história da eletricidade. Jacqui Bailey e Matthew Lilly, DCL, 2008.

A eletricidade percorre um longo caminho para chegar até nossa casa. Esta obra apresenta a história da eletricidade, com informações sobre a geração de energia elétrica e dicas para fazermos bom uso dessa energia.

DCL/Acervo da editora

ABC da água. Selma Maria, Panda Books, 2015.

A obra apresenta verbetes (como em um dicionário) relacionados à água. Os verbetes trazem explicações e informações curiosas sobre esse importante recurso natural.

Panda Books/Acervo da editora

Energia. Cristina Garcez e Lucilia Garcez, Callis, 2013.

O livro fala sobre as diferentes fontes de energia. Com belas ilustrações, você pode aprender sobre as diversas formas de produção de energia e obter sugestões para diminuir o consumo.

Callis/Acervo da editora

Vídeo

Água? Programa Água Brasil 2015. Duração: 3 min 47 s.

Esta pequena animação mostra o chamado ciclo da água (ou ciclo hidrológico). Você vai saber o que acontece com a água no caminho que ela percorre até as torneiras de sua casa, vai descobrir informações sobre seu uso na agricultura e muito mais.

WWF Brasil/ANA/Fundação Banco do Brasil

Filme

O Lorax: em busca da trúfula perdida. Direção: Chris Renaud, Kyle Balda, 2012. Duração: 1 h 27 min.

O garoto Ted, de 12 anos, tenta encontrar uma árvore de "trúfula", que corre perigo de extinção. Ao iniciar sua aventura, ele conhece Lorax, uma criatura que fala com as árvores. Com muito humor, este filme fala sobre a importância da preservação da natureza.

Illumination Entertainment/Universal Pictures

Para você refletir e conversar

- De qual assunto você gostou mais nesta unidade?
- Você teve dificuldade para entender alguma atividade ou alguma explicação?
- Escolha a imagem de que você mais gostou nesta unidade. Conte aos colegas o motivo de sua escolha.

PROJETO 1

Nosso município: problemas e soluções

Cláudio Chiyo/Arquivo da editora

1. Com a orientação do professor, forme um grupo com seus colegas.
2. Juntos, vocês farão um levantamento dos principais problemas enfrentados pelos moradores do município onde vocês moram. Anotem as informações.
3. Discutam em grupo as possíveis soluções para cada problema.
4. Anotem no caderno as principais ideias levantadas pelo grupo.
5. Escrevam cada problema em uma tira de papel colorido. Cada tira de papel deve ser de uma cor diferente.
6. Escrevam também cada solução em uma tira de papel colorido.
   - Atenção: A tira em que você vai escrever a solução tem de ser da mesma cor da tira em que você escreveu o problema correspondente.
7. O professor vai distribuir para cada grupo o contorno do mapa do município. Colem as tiras nesse mapa, localizando as áreas de ocorrência dos problemas identificados por vocês.
8. No final, apresentem o trabalho do grupo.

PROJETO 2

Notícias da região

Que tal elaborar um jornal da região onde você vive?

1. Com a orientação do professor, forme um grupo com seus colegas.

2. Primeiramente pesquisem, em jornais, revistas ou livros, alguns dados sobre a região onde vocês vivem. No caderno, anotem as informações de forma resumida:

- formas de relevo e rios;
- clima e vegetação;
- população;
- principais cidades;
- atividades econômicas:
  – setor primário;
  – setor secundário;
  – setor terciário;
- meios de transporte;
- pontos turísticos;
- atividades de lazer;
- problemas ambientais (poluição da água, do ar, queimadas, desmatamento, etc.);
- outra informação ou problema.

3. Escolham um desses assuntos e elaborem um pequeno artigo de jornal sobre ele. No artigo abordem:

o tema escolhido

os problemas ligados a ele

as soluções possíveis

4. Ilustrem o texto com fotos ou desenhos.

5. Na data marcada pelo professor, apresentem o artigo à classe.

6. Com a orientação do professor, montem um jornal com os artigos de todos os grupos destacando os problemas e as soluções possíveis.

GLOSSÁRIO

As palavras deste glossário estão definidas de acordo com o sentido com que foram empregadas no livro.

A

Afluente página 24

Rio que despeja suas águas em outro rio, em um lago ou em um reservatório.

Agricultura página 59

Conjunto de atividades que visam ao preparo do solo para a produção de vegetais usados na alimentação do ser humano. Lavoura feita para obter alimentos e matérias-primas para a indústria.

Sergio Ranalli/Pulsar Imagens

Rio principal e afluente, em Bandeirantes, no estado do Paraná, 2017.

C

Capoeira página 83

Vegetação que nasce onde a mata original foi derrubada ou queimada. Pode ser ainda o lugar de onde a mata original foi retirada.

Gerson Gerloff/Acervo do fotógrafo

Vegetação de capoeira, em São José dos Ausentes, no estado do Rio Grande do Sul, 2016.

E

Erosão página 138

Desgaste do relevo provocado por agentes da natureza, como o vento, o gelo, a água da chuva e dos rios e as mudanças de temperatura.

Escarpa página 138

Inclinação íngreme de um terreno. No Brasil, as inclinações íngremes de planalto podem ser chamadas de serras.

F

Fronteira página 24

Demarcação territorial de uma nação ou de um país.

I

Igapó página 10

Córrego na região amazônica. Pode ainda ser parte da Floresta Amazônica inundada pelo rio.

Igarapé página 10

Rio de pequena extensão que cruza a floresta e geralmente é navegado por pequenas canoas, sobretudo na época das cheias.

Imigrante página 100

Pessoa que deixa seu país de origem para viver em outro país.

L

Limite página 25

Separação entre um país, estado ou município. Em um mapa, os limites são representados por linhas.

M

Mapa página 22

Representação de parte ou do conjunto da superfície terrestre, de forma reduzida e selecionada. O mapa é feito em uma superfície plana, como o papel.

P

Planta página 22

Representação detalhada de um lugar – cidade, bairro, sala de aula, etc. A planta é feita em uma superfície plana, como o papel.

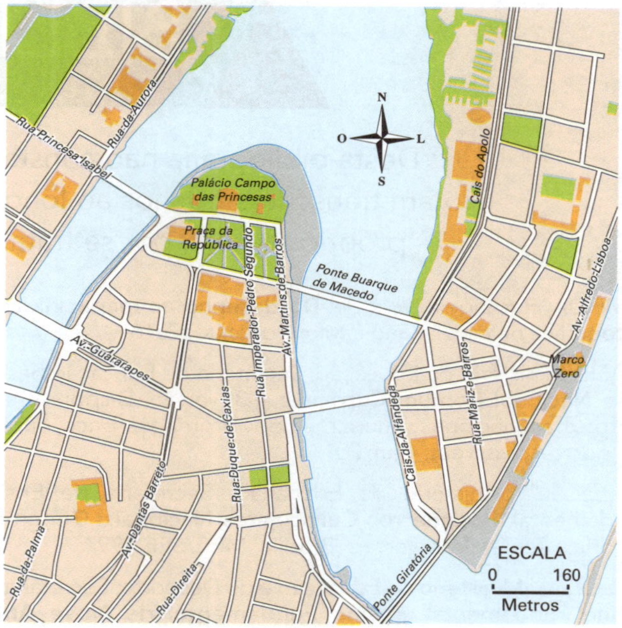

Banco de imagens/Arquivo da editora

Planta do Recife feita na visão vertical.

Ponto de referência página 42

Objeto ou lugar usado para orientação. Está diretamente ligado à noção de localização espacial.

R

Reserva florestal página 80

Área destinada, por lei, à conservação de espécies vegetais e animais.

S

Satélite artificial página 22

Veículo colocado em órbita ao redor da Terra, destinado a obter ou transmitir informações por meio de imagens.

Sedimentação página 139

Acúmulo de materiais nas partes mais baixas do relevo, transportados pelo vento, pelo gelo e pela água dos rios e da chuva.

Subsolo página 123

Camada de solo situada abaixo da camada superficial da terra, aquela que fica logo abaixo do chão em que pisamos.

BIBLIOGRAFIA

Desta bibliografia não constam as referências de alguns livros dos quais foram transcritos trechos ao longo dos capítulos. Citamos as referências nos próprios textos, por se tratar de fontes de leitura complementares.

ALMEIDA, Rosângela Doin de. **Do desenho ao mapa**: iniciação cartográfica na escola. São Paulo: Contexto, 2016.

BRASIL. Ministério da Educação. Secretaria de Educação Básica. **Base Nacional Comum Curricular** – 3ª versão. Disponível em: <http://basenacionalcomum.mec.gov.br/images/bncc_publicacao.pdf>. Acesso em: 4 jul. 2017.

__________. Ministério da Educação. Secretaria de Ensino Fundamental. **Parâmetros Curriculares Nacionais**: Geografia/História e Temas Transversais. Brasília: MEC/SEF, 1997.

__________. Ministério da Educação e do Desporto. Secretaria de Ensino Fundamental. **Ensino Fundamental de Nove Anos**. Brasília: MEC/SEF, 2006.

__________. **Diretrizes Curriculares Nacionais para Educação Básica**. Brasília: MEC/SEF, 2013.

CALLAI, Helena Copetti. Aprendendo a ler o mundo: a Geografia nos anos iniciais do Ensino Fundamental. **Cadernos CEDES**. Educação geográfica e as teorias de aprendizagem, n. 66. Campinas, 2005. Número especial.

CASTELLAR, Sonia. **Educação geográfica**: teorias e práticas docentes. São Paulo: Contexto, 2010.

__________; CAVALCANTI, Lana de S.; CALLAI, Helena C. (Org.). **Didática da Geografia**: aportes teóricos e metodológicos. São Paulo: Xamã, 2012.

CASTROGIOVANNI, Antonio Carlos (Org.). **Ensino de Geografia**: práticas e textualizações no cotidiano. Porto Alegre: Mediação, 2009.

__________. **Geografia em sala de aula**: práticas e reflexões. Porto Alegre: Ed. da UFRGS/AGB, 2010.

__________; COSTELLA, Roselane Z. **Brincar e cartografar com os diferentes mundos geográficos**: a alfabetização espacial. Porto Alegre: EdiPUCRS, 2016.

CAVALCANTI, Lana de Souza (Org.). **Formação de professores**: concepções e práticas em Geografia. Goiânia: Vieira, 2006.

__________. **Geografia, escola e construção de conhecimentos**. Campinas: Papirus, 2016.

COLL, César et al. **O construtivismo na sala de aula**. São Paulo: Ática, 2010.

IBGE. **Atlas geográfico escolar**. 7. ed. Rio de Janeiro, 2016.

MEIRIEU, Philippe. **Aprender... sim, mas como?** Porto Alegre: Artmed, 2000.

MICHEL, François. **A Ecologia em pequenos passos**. São Paulo: Nacional, 2008.

NEIMAN, Zysman. **Era verde?** Ecossistemas brasileiros ameaçados. São Paulo: Atual, 2003.

PAULA, Flávia Maria de Assis et al. **Ensino de Geografia e Metrópole**. Goiânia: América, 2014.

PERRENOUD, Philippe. **10 novas competências para ensinar**. Porto Alegre: Artmed, 2000.

PILLAR, Analice Dutra. **Desenho e construção do conhecimento na criança**. Porto Alegre: Artmed, 1996.

POLATO, Amanda. Um bate-papo sem fim. **Nova Escola**, abr./maio 2007.

PONTUSCHKA, Nídia Nacib et al (Org.). **Para ensinar e aprender Geografia**. São Paulo: Cortez, 2012.

__________; OLIVEIRA, Ariovaldo Umbelino de (Org.). **Geografia em perspectiva**. São Paulo: Contexto, 2010.

POZO, Juan Ignacio (Org.). **A solução de problemas**: aprender a resolver, resolver para aprender. Porto Alegre: Artmed, 1998.

RAMA, Ângela; VERGUEIRO, Waldomiro (Org.). **Como usar as histórias em quadrinhos na sala de aula**. São Paulo: Contexto, 2016.

SCHÄFFER, Neiva. Ler a paisagem, o mapa, o livro... Escrever nas linguagens da Geografia. In: NEVES, Iara C. B. **Ler e escrever**: compromisso de todas as áreas. Porto Alegre: Ed. da UFRGS, 2006.

__________ et al. **Um globo em suas mãos**: práticas para a sala de aula. Porto Alegre: Ed. da UFRGS, 2010.

SIMIELLI, Maria Elena. A Cartografia no Ensino Fundamental e Médio. In: CARLOS, Ana Fani Alessandri (Org.). **Geografia na sala de aula**. São Paulo: Contexto, 2015.

__________. **Atlas geográfico escolar**. 34. ed. São Paulo: Ática, 2013.

__________. **Primeiros mapas**: como entender e construir. São Paulo: Ática, 2010. 4 v.

STRAFORINI, Rafael. **Ensinar Geografia**: o desafio da totalidade-mundo nas séries iniciais. São Paulo: Annablume, 2008.

TONINI, Ivaine et al. **O ensino de Geografia e suas composições curriculares**. Porto Alegre: Mediação, 2014.

VOGEL, Arno et al. **Como as crianças veem a cidade**. Rio de Janeiro: Pallas/Flacso/Unicef, 1995.

ZABALA, Antoni (Org.). **Como trabalhar os conteúdos procedimentais em aula**. Porto Alegre: Artmed, 2013.

Sites

Acesso em: 30 jul. 2017.

Agenda Criança Unicef: <www.selounicef.org.br>

Biblioteca Virtual de Educação: <http://bve.cibe.inep.gov.br/>

Planeta educação: <www.planetaeducacao.com.br>

Portal do Meio Ambiente: <http://portal.rebia.org.br/>

Revista *Ciência Hoje*: <http://chc.org.br/revista-aberta/>

Revista *Nova Escola*: <http://novaescola.org.br/>

Projeto

Ápis divertido

4º ano

GEOGRAFIA

Este material poderá ser destacado e usado para auxiliar o estudo de alguns assuntos vistos no livro.

Carlos Bourdeil/Arquivo da editora

editora ática

DE ONDE VEM?

Destaque as cartas a seguir para brincar com o jogo **De onde vem?**.

Shutterstock/Glow Images

Borracha.

Thomaz Vita Neto/Pulsar Imagens

Extração de látex.

Hekla/Shutterstock

Blusas de algodão.

José Medeiros/Folhapress

Plantação de algodão.

Shutterstock/Glow Images

Açúcar.

Delfim Martins/Pulsar Imagens

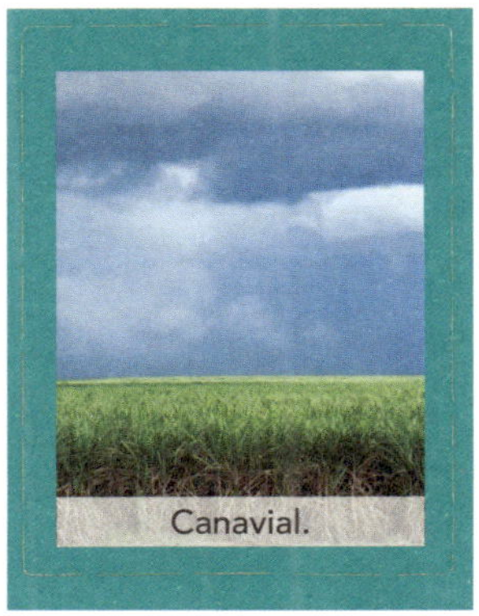

Canavial.

Os tabuleiros e as regras dos jogos estão no final do **Ápis divertido**.

De onde vem?

De onde vem?

De onde vem?

De onde vem?

De onde vem?

De onde vem?

DE ONDE VEM?

chompoo09/Shutterstock

Soja.

Gerson Gerloff/Pulsar Imagens

Plantação de soja.

margouillat photo/Shutterstock

Salmão.

Mauricio Simonetti/Pulsar Imagens

Pesca.

Ruslan Ivantsov/Shutterstock

Anel de ouro com diamantes.

Franco Hoff/Pulsar Imagens

Garimpo manual.

De onde vem?

De onde vem?

De onde vem?

De onde vem?

De onde vem?

De onde vem?

DE ONDE VEM?

Latas de alumínio.

Shutterstock/Glow Images

Extração de bauxita.

Rafael Araujo/Fotoarena

Panelas de ferro.

Shutterstock/Glow Images

Extração de minério de ferro.

João Prudente/Pulsar Imagens

Sal.

Shutterstock/Glow Images

Salina.

Franco Hoff/Pulsar Imagens

De onde vem?

De onde vem?

De onde vem?

De onde vem?

De onde vem?

De onde vem?

CIDADE E CAMPO

Destaque estas figuras para colar no seu tabuleiro.

Ilustrações: Ivan Coutinho/Arquivo da editora

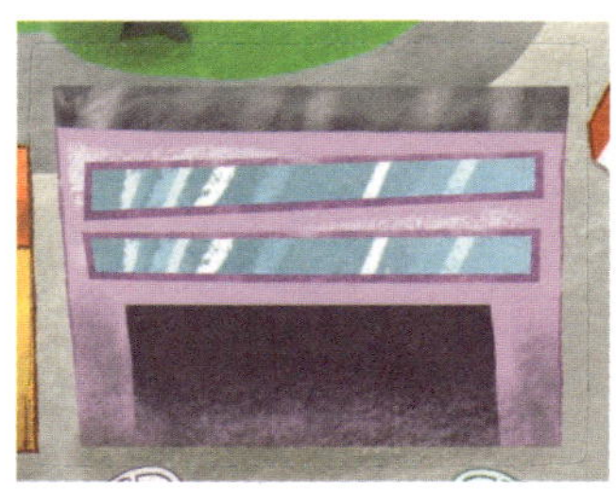

CIDADE E CAMPO

Destaque as cartas desta página e das páginas a seguir para brincar com o jogo **Cidade e campo**.

"Chapeuzinho Vermelho" é um conto de fadas?

Resposta

Sim.
Ande 2 casas.

A letra **x** na palavra **exagero** tem som de que outra letra?

Resposta

Tem som de **z**.
Ande 1 casa.

Complete: Um canadense que mora no Brasil é um __________________.

Resposta

Imigrante.
Ande 2 casas.

O Brasil foi colônia de que país?

Resposta

Portugal.
Ande 1 casa.

A palavra **fazenda** é um verbo?

Resposta

Não, é um substantivo.
Ande 1 casa.

Cidade e campo

Cidade e campo

Cidade e campo

Cidade e campo

Cidade e campo

CIDADE E CAMPO

Vou viajar 150 quilômetros. Cada quilômetro tem 1 000 metros. Quantos metros vou percorrer?

Resposta

150 000 (cento e cinquenta mil) metros
Ande 2 casas.

Em uma estrada há três pedágios. Cada um custa R$ 5,20. Qual é o valor total dos pedágios dessa estrada?

Resposta

R$ 15,60
Ande 2 casas.

Pequenino é o ______________ da palavra **pequeno**.

Resposta

Diminutivo.
Ande 1 casa.

Cortei uma melancia em 7 pedaços. Dei 3 para os meus colegas. Que fração da melancia sobrou?

Resposta

$\frac{4}{7}$
Ande 1 casa.

Ganhei R$ 50,00 para comprar um brinquedo. Ele custava R$ 37,75. Quantos reais sobraram?

Resposta

R$ 12,25
Ande 2 casas.

Cidade e campo

Cidade e campo

Cidade e campo

Cidade e campo

Cidade e campo

CIDADE E CAMPO

Vovó me deu 120 balas e pediu que eu dividisse com meus 2 irmãos. Com quantas balas cada um ficou?

Resposta

Cada um ficou com 60 balas.
Ande 2 casas.

Complete: Quando queremos descobrir o significado de uma palavra, usamos o ____________.

Resposta

Dicionário.
Ande 1 casa.

Quais são os quatro pontos cardeais?

Resposta

Norte (N), Sul (S), Leste (L) e Oeste (O).
Ande 2 casas.

A pecuária é uma atividade de qual setor da economia?

Resposta

É uma atividade do setor primário.
Ande 2 casas.

Qual é o meio de transporte mais rápido?

Resposta

O avião.
Ande 1 casa.

Cidade e campo

Cidade e campo

Cidade e campo

Cidade e campo

Cidade e campo

CIDADE E CAMPO

A maioria da população brasileira vive no campo ou em cidades?

Resposta

Vive em cidades.
Ande 1 casa.

Como se chama a energia que vem dos ventos?

Resposta

Energia eólica.
Ande 3 casas.

A madeira é um recurso natural renovável?

Resposta

Sim.
Ande 2 casas.

Quais são os três estados físicos da água?

Resposta

Sólido, líquido e gasoso.
Ande 2 casas.

Na cadeia alimentar, como são chamados os seres vivos que se alimentam de outros seres vivos?

Resposta

Consumidores.
Ande 2 casas.

O que é água potável?

Resposta

É a água boa para beber.
Ande 1 casa.

Cidade e campo

Cidade e campo

Cidade e campo

Cidade e campo

Cidade e campo

Cidade e campo

CIDADE E CAMPO

Destaque e monte os peões para brincar com o jogo **Cidade e campo**.

Legenda:

——— Dobre.

Cole.

Peão montado:

Ivan Coutinho/Arquivo da editora

CIDADE E CAMPO

Luiz mora em uma cidade grande e vai visitar seus avós no campo. Vamos acompanhá-lo em sua viagem de férias?

QUANTIDADE DE JOGADORES

- 2 a 3

COMO JOGAR

- Destaque as figuras da página 9 e cole-as nos locais corretos do tabuleiro.
- Destaque as cartas das páginas 11 a 17.
- Monte os peões da página 19.
- Cada jogador coloca seu peão na casa "início".
- Começa quem ganhar no "par ou ímpar" ou no "dois ou um".
- Para avançar pelas casas em direção ao campo, é preciso acertar as respostas às perguntas das cartas.
- As perguntas sempre serão feitas pelo jogador que estiver à direita do jogador da rodada.
- Se o jogador errar a resposta, ele permanecerá na mesma casa.
- Aquele que chegar ao campo primeiro será o vencedor.

Geografia

Projeto

Ápis

4º ano

Caderno de atividades

editora ática

Sumário

Carlos Bourdeil/Arquivo da editora

Unidade 1 No mundo dos mapas

1 O que você vê da janela de sua casa? Escolha uma das visões (de frente, oblíqua ou vertical) e, no quadro abaixo, faça um desenho bem detalhado do que você consegue ver.

a) Qual visão você escolheu para fazer a representação?

____

b) Quais elementos mais aparecem na paisagem que você desenhou: naturais ou culturais?

____

2 Leia o texto a seguir para saber como professores indígenas explicam o que é Geografia para seus alunos do Parque Indígena do Xingu.

Geografia mostra de tudo

Geografia mostra de tudo. Se não estudarmos Geografia, como vamos saber em qual continente nós estamos?

Geografia mostra onde estão as cidades, onde passam seus limites, onde passa nossa demarcação, onde tem minério, ouro, diamante e em qual região está localizada, para onde vão os caminhos e as estradas.

Se estudar Geografia, você não tem como se perder, só vendo no mapa para saber onde você está, também onde fica sua aldeia.

Você estudando o mapa, vê todas as cidades, estados, outros países. Em que continente está localizado o Brasil. Conhece a Europa, América, África, Ásia, Oceania e os países como Austrália, México, etc.

Geografia mostra isso. Se você não estudar a Geografia, vai deixar de entender muitas coisas do nosso mundo.

Geografia mostra onde fica localizado o norte, o sul, o leste, o oeste, para onde descem os rios, de onde vêm os rios. Tudo isso você vai saber estudando Geografia.

INSTITUTO SOCIOAMBIENTAL. **Geografia indígena**: Parque Indígena do Xingu. Brasília: MEC/SEF/DPEF, 1988. p. 8.

Adriano Kirihara/Pulsar Imagens

A Geografia estuda os rios. Na foto, vista do rio Santa Rosa, em Bataguassu, em Mato Grosso do Sul, 2017.

Rubens Chaves/Pulsar Imagens

A Geografia mostra "onde tem minério, ouro, diamante". Na foto, mina de ouro em Araçariguama, no estado de São Paulo, 2015.

a) Marque um **X** no tipo de elemento que mais aparece nas paisagens mostradas nas fotos acima.

☐ naturais ☐ culturais

b) E para você, o que é Geografia e o que ela mostra?

____

____

3 Leia o texto abaixo e conheça a história de Giovana.

> Meu nome é Giovana e já morei em várias cidades do Brasil. Nasci em Alfenas, no estado de Minas Gerais. Quando eu tinha quatro anos de idade, minha família e eu nos mudamos para Vitória, no estado do Espírito Santo. Moramos três anos lá. Quando fiz oito anos, meus pais, meu irmão e eu nos mudamos para a cidade do Rio de Janeiro. No início deste ano, viemos morar nesta casa, em Foz do Iguaçu, no estado do Paraná. Sabe o que faço desde pequena em todas as casas em que moro? Pego lápis de cor e papel e desenho o que vejo da janela.

Vicente Mendonça/Arquivo da editora

a) Em que cidades do Brasil Giovana já morou com a família? Sublinhe de **vermelho** no texto.

b) Você já morou em outras cidades ou outros estados? Pergunte a um adulto que more com você e anote abaixo.

____

____

c) No mapa ao lado:

- marque um **X** nos estados em que Giovana já morou;
- pinte de **vermelho** o estado em que você mora;
- pinte de **azul** os estados que você já visitou e, de **verde**, os estados que você tem vontade de conhecer. Ao final, faça uma legenda para o mapa.

Brasil: divisão política

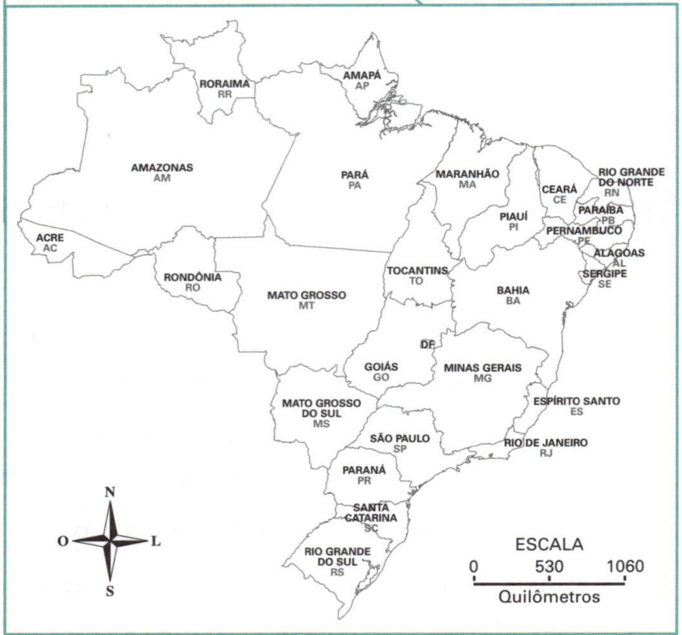

Banco de imagens/Arquivo da editora

IBGE. **Atlas geográfico escolar**. 7. ed. Rio de Janeiro, 2016. p. 94.

4 Imagine que você estuda na sala de aula representada abaixo.

Chris Borges/Arquivo da editora

a) Localize sua carteira com um **X**.

b) Escreva o nome do colega que se senta

- à sua frente: ________________________.
- atrás de você: ________________________.
- à sua direita: ________________________.
- à sua esquerda: ________________________.

5 Observe o mapa e as fotos; depois, leia as legendas.

Hans Von Manteuffel/Pulsar Imagens

Recife de corais na Praia de Tambaba, em Conde, na Paraíba, 2017.

Banco de imagens/Arquivo da editora

IBGE. **Atlas geográfico escolar**. 7. ed. Rio de Janeiro, 2016. p. 94.

Delfim Martins/Pulsar Imagens

Vegetação da Caatinga seca após seis anos sem chuva no Sertão, no município de Jati, no Ceará, 2016.

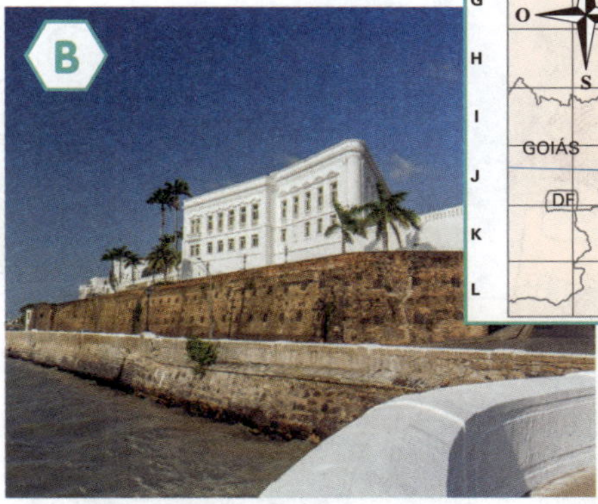

Andre Dib/Pulsar Imagens

Palácio dos Leões, sede do governo do estado do Maranhão, na capital São Luís, 2015.

Rubens Chaves/Pulsar Imagens

Largo do Pelourinho, centro histórico de Salvador, na Bahia, 2016.

a) Escreva a quadrícula do mapa em que está localizada a paisagem mostrada em cada imagem.

- Foto A: ______________________
- Foto C: ______________________
- Foto B: ______________________
- Foto D: ______________________

b) Com base nas fotos, complete o quadro a seguir.

Foto	Principal elemento natural	Principal elemento cultural
A		
B		
C		
D		

Ana é uma aluna do 4º ano. Ela é muito observadora. Sempre que chega à escola pela manhã, por volta das sete horas, sua mãe estaciona o carro em frente ao prédio. Outro dia, quando desceu do carro, Ana olhou para o outro lado da rua, onde há uma praça, e observou que a claridade da luz do Sol batia em cheio em seu rosto.

Quando terminaram as aulas, por volta das quatro da tarde, antes de entrar no carro da mãe, estacionado no mesmo lugar, Ana olhou novamente para a praça e percebeu que a luz do Sol ainda batia nela, mas não tão de frente. Ela, então, lembrou o que tinha aprendido na aula de Geografia e comentou com sua mãe o que havia observado:

— De manhã, o Sol estava bem em frente a mim quando olhei a praça, mas agora ele não está mais. Não é interessante? Agora entendi por que a professora disse que a frente do prédio da escola está voltada para o leste.

A mãe ficou muito orgulhosa ao perceber como a curiosidade de Ana a ajudava a observar o que acontece no dia a dia.

Vicente Mendonça/Arquivo da editora

6 Ana percebeu que o Sol parece mudar de posição no céu ao longo do dia. Por que isso acontece?

____

____

7 Ana disse que a frente da escola está voltada para o leste. Ela está certa ou errada? Explique.

____

____

____

Unidade 2 A interdependência campo-cidade

1 Observe as fotos abaixo. Ligue cada foto ao setor econômico que ela representa.

Delfim Martins/Pulsar Imagens

Escola em Floresta, no estado de Pernambuco, 2016.

Chico Ferreira/Pulsar Imagens

Extração de calcário em Almirante Tamandaré, no estado do Paraná, 2016.

Alex Tauber/Pulsar Imagens

Indústria de máquinas de lavar roupa em Rio Claro, no estado de São Paulo, 2017.

Ernesto Reghran/Pulsar Imagens

Plantação de tomates em São Sebastião da Amoreira, no estado do Paraná, 2015.

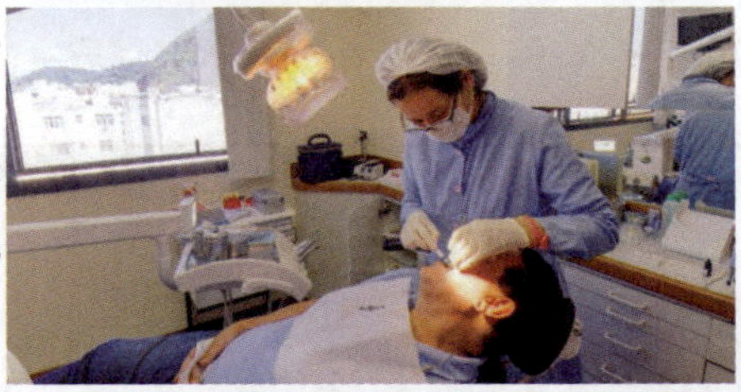
G. Evangelista/Opção Brasil Imagens

Consultório odontológico no município do Rio de Janeiro, estado do Rio de Janeiro, 2014.

Ernesto Reghran/Pulsar Imagens

Indústria de farinha de trigo em Sertanópolis, no estado do Paraná, 2014.

Setor primário

Setor secundário

Setor terciário

2 O quadro a seguir apresenta símbolos, fotos e ilustrações relacionados a um serviço público. Os símbolos estão dados. Sua tarefa é relacioná-los aos demais itens. Veja o exemplo.

Símbolo	Foto	Serviço público
(•)  Ilustrações: Vicente Mendonça/Arquivo da editora	(∞)  Luciana Whitaker/Pulsar Imagens Posto de saúde em Paulo Lopes, no estado de Santa Catarina, 2016.	(▲) Fornecimento de energia elétrica.
(⬣) 	(•)  Delfim Martins/Pulsar Imagens Coleta de lixo em Monteiro, no estado da Paraíba, 2016.	( ) Áreas de lazer e de esportes no bairro.
( ) 	( )  Rubens Chaves/Pulsar Imagens Usina da Pedra no rio das Contas, em Jequié, no estado da Bahia, 2016.	( ) Posto de saúde e atendimento médico em casos de emergência.
( ) 	( )  Luciana Whitaker/Pulsar Imagens Parque público em Porto Alegre, no estado do Rio Grande do Sul, 2016.	(•) Coleta de lixo.

3 A separação do lixo é uma tarefa que devemos realizar em casa antes que ele seja recolhido. Compare as duas cenas e descubra os 7 erros entre elas. Marque as diferenças com um **X** na segunda cena.

Ilustrações: Vicente Mendonça/Arquivo da editora

4 Numere as cenas em uma sequência cronológica, considerando o caminho que os produtos fazem do produtor até o consumidor.

Ilustrações: Vicente Mendonça/Arquivo da editora

Unidade

3 O território brasileiro

1 A letra da canção abaixo é um *rap*, gênero musical urbano, caracterizado por uma fala ritmada sobre uma base musical, em que o compositor geralmente denuncia problemas sociais. Leia o trecho da canção.

Racismo é burrice

[...]
Não seja um ignorante
Não se importe com a origem ou a cor do seu semelhante
O que que importa se ele é nordestino e você não?
O que que importa se ele é preto e você é branco?
Aliás, branco no Brasil é difícil
Porque no Brasil somos todos mestiços.
[...]
Olhe a nossa história
[...]
Tinha índio, branco, amarelo, preto
Nascemos da mistura, então por que o preconceito?
[...]
Dê à ignorância um ponto final
[...]

Vicente Mendonça/Arquivo da editora

GABRIEL O PENSADOR. Racismo é burrice.
In: ________. **MTV ao vivo**. Sony Music, 2003. 1 CD. Faixa 4.

a) Por que o autor da canção diz que somos todos mestiços?

____

____

____

b) Segundo a canção, racismo é burrice. Você concorda? Por quê?

c) Além do racismo, que outros tipos de preconceito você conhece? O que podemos fazer para combatê-los?

2 Você já imaginou sua cidade diferente do que ela é? Leia o trecho da letra da canção.

A cidade ideal

Cachorro: A cidade ideal dum cachorro
Tem um poste por metro quadrado
Não tem carro, não corro, não morro
E também nunca fico apertado

Galinha: A cidade ideal da galinha
Tem as ruas cheias de minhoca
A barriga fica tão quentinha
Que transforma o milho em pipoca

[...]
Todos: O sonho é meu e eu sonho que
Deve ter alamedas verdes
A cidade dos meus amores
E, quem dera, os moradores
E o prefeito e os varredores
Fossem somente crianças.
[...]

Vicente Mendonça/Arquivo da editora

BUARQUE, Chico; BARDOTTI, Sérgio; ENRIQUEZ, Luiz. A cidade ideal. In: BUARQUE, Chico. **Os saltimbancos**. Universal, 1992. 1 CD. Faixa 6.

a) Como seria uma cidade ideal para você?

____

____

____

____

b) Você considera ideal a cidade onde mora? Explique.

____

____

____

3 Os mapas podem representar diferentes tipos de informações. O mapa a seguir, por exemplo, mostra as regiões onde estão concentradas algumas obras marcantes da literatura brasileira. Muitas vezes, os autores das histórias escrevem sobre esses lugares porque os conhecem. Observe o mapa e leia a legenda. Em seguida, responda às questões.

Brasil: regionalismo literário

IBGE. **Atlas geográfico escolar**. 7. ed. Rio de Janeiro, 2016. p. 153.

a) As áreas destacadas no mapa ocupam quais regiões brasileiras?

b) Escreva o nome das áreas que aparecem no mapa e que estão na legenda.

c) Você já viu algum desses nomes em outros lugares? Onde?

d) Em sua opinião, por que as áreas destacadas no mapa inspiraram temas de livros que marcaram a literatura brasileira?

e) Pesquise o local de nascimento dos escritores: Ariano Suassuna, Jorge Amado e João Guimarães Rosa.

f) Em sua opinião, por que cada um desses autores escreveu sobre a região em que eles nasceram?

4 Leia o texto abaixo sobre a cidade de Blumenau, que fica em Santa Catarina, e responda às questões.

Em 1850, o filósofo alemão dr. Hermann Bruno Otto Blumenau obteve do Governo Provincial uma área de terras de duas léguas para estabelecer uma colônia agrícola, com imigrantes europeus.

Em 2 de setembro de 1850, dezessete colonos chegaram ao local onde hoje fica a cidade de Blumenau. Muitos outros imigrantes atravessaram o oceano Atlântico em veleiros de companhias particulares. E assim foi crescendo o número de agricultores, povoadores e cultivadores dos lotes, medidos e demarcados ao longo dos rios e ribeirões que banhavam o território da concessão.

Paulo Nabas/Shutterstock

Construções em estilo alemão em Blumenau, no estado de Santa Catarina, 2016.

[...] Em poucos anos, dr. Blumenau, dotado de grande energia e tenacidade, fez da colônia um dos maiores empreendimentos colonizadores da América do Sul, criando um importante centro agrícola e industrial que influenciou a economia do país.

Herança da história de sua colonização, a microrregião de Blumenau possui costumes e tradições únicos. Colonizada no início por alemães, seguidos de italianos e poloneses, também recebeu habitantes do Vale do Rio Tijucas, descendentes de portugueses. Mesmo assim, as cidades da microrregião incorporaram principalmente as culturas alemã e italiana.

PREFEITURA DE BLUMENAU. **História do município**. Disponível em: <www.blumenau.sc.gov.br/>. Acesso em: 16 abr. 2017. (Adaptado.)

a) De acordo com o texto, que povos europeus ocuparam Blumenau? Marque-os com um **X**.

- [ ] alemães
- [ ] ingleses
- [ ] turcos
- [ ] japoneses
- [ ] franceses
- [ ] poloneses
- [ ] italianos
- [ ] portugueses

b) Em qual setor econômico esses povos vieram trabalhar?

____

____

5 A região Norte é conhecida nacionalmente por suas festas típicas. Talvez a mais conhecida delas seja a festa que acontece em Parintins, cidade localizada na parte leste do estado do Amazonas. Leia o texto a seguir, depois responda às questões.

> [...]
>
> Parintins é considerada a segunda maior cidade do estado do Amazonas e um dos pontos turísticos mais importantes daquela região, devido, principalmente, a uma das maiores celebrações populares do Brasil: o Festival Folclórico de Parintins.
>
> O Festival foi oficializado em 1966 e é palco da disputa dos bois-bumbás, Caprichoso e Garantido, que existem desde 1913.
>
> Segundo estudiosos, os bois-bumbás de Parintins têm sua origem no Nordeste do Brasil. A região amazônica recebeu muitos imigrantes nordestinos. Com eles vieram suas manifestações culturais que foram incorporadas e adaptadas pela população nortista, inclusive com lendas, rituais, música e dança indígenas, além de figuras mitológicas como pajés e feiticeiros.
>
> [...]
>
> Em Parintins, a festa dura três dias e três noites e as torcidas dos bois-bumbás dividem a cidade nas cores azul e vermelho. Azul representa o Caprichoso e vermelho o Garantido. É uma mistura de teatro, dança e música [...].

BARBOSA, Virgínia. **Bois-bumbás de Parintins, Amazonas**: Caprichoso e Garantido. Fundação Joaquim Nabuco. Disponível em: <http://basilio.fundaj.gov.br/>. Acesso em: 14 ago. 2017.

Edmar Barros/Futura Press

Apresentação de carro alegórico no Festival Folclórico de Parintins, no estado do Amazonas, 2017.

a) De qual região brasileira veio a influência de festejar o boi-bumbá em Parintins?

____

b) Assinale a alternativa correta.

- [ ] O estádio do Festival Folclórico de Parintins tem formato de onça-pintada.
- [ ] A disputa entre os bois-bumbás baseia-se em lendas da região Sudeste do país.
- [ ] O festival é realizado em Parintins desde 1968.
- [ ] O Boi Garantido usa a cor vermelha e o Boi Caprichoso, a cor azul.

c) Essa festa lembra alguma outra que você conhece?

____

____

6 Lucas, irmão de Mariana, está viajando por todo o Brasil. No *e-mail* da página seguinte, ele conta o que descobriu, mas faltam algumas palavras. Vamos ajudar Mariana a completar a mensagem de Lucas? Encontre as palavras no diagrama abaixo e complete o texto da próxima página.

A	R	F	H	S	A	K	R	A	R	W	G	C	O
T	E	R	I	X	B	Y	B	M	I	O	U	L	N
U	G	U	S	T	E	R	R	I	T	O	R	I	O
R	I	T	T	P	A	I	S	A	G	E	M	M	R
I	A	I	O	S	C	O	S	T	A	L	I	A	D
S	O	C	R	L	A	N	A	T	N	A	P	S	E
T	P	A	I	S	E	L	A	X	M	I	N	A	S
A	I	S	A	N	A	T	U	R	E	Z	A	U	T
S	O	A	M	I	N	E	A	J	A	C	A	R	E
C	P	O	P	U	L	O	S	A	O	U	V	R	M
E	L	A	R	O	M	S	I	R	U	T	O	C	E

Caixa de entrada	Contatos	Bloco de notas	Agenda
Escrever	Enviar	Salvar como rascunho	Cancelar

Caixa de entrada (9)

Rascunhos

Enviados

Spam (3)

Para: Mariana Dias <mariana.dias@mariana.com.br> +

Cc:

Cco:

Assunto: Sobre as descobertas na minha viagem

Anexar arquivos

Oi, Mari!

Que saudade de você! Logo voltarei para ________________. Enquanto isso, vou contar o que descobri nestes últimos dias.

O Brasil é um ________________ com um ________________ muito extenso. Por isso, temos regiões com ________________ muito diferentes. A região Sul, por exemplo, costuma ter um clima mais frio e altitudes mais elevadas.

O ________________ costuma ter praias muito bonitas. Elas costumam chamar a atenção dos ________________. Foi nessa região que os portugueses chegaram, então, as pessoas que moram por lá têm muita ________________ para contar.

Mas a região entre o Sul e o Nordeste também tem bastante história! Foi a segunda região a ser povoada no país e até hoje ela é a mais ________________. Nela, fica a cidade mais rica do país, que é São Paulo.

Passei pelo ________________ e vi muito ________________. Essa é uma área do país que ocupa tanto a região Norte quanto a região Centro-Oeste. Aliás, nessa região, no centro do país, tem muita ________________ bonita para se ver! Lá costuma ter muita atividade de ________________, que é um tipo de turismo feito em áreas de vida selvagem ou de beleza natural, com respeito à natureza.

Por último, a ________________ Norte é a menos povoada do país, porque fica mais longe da ________________ litorânea. O pessoal conta que antigamente era mais difícil e demorado chegar lá. Hoje não, o acesso é mais fácil. Nessa região vivem muitos grupos indígenas. Eles têm mais contato com a ________________ e costumam tirar dela tudo o que comem, desde banana até peixe. Temos muito o que aprender com eles! Em breve, escrevo novamente!

Um beijo,

Lucas

Unidade 4

O ser humano e a natureza

1 Chamamos de amplitude térmica a variação entre a temperatura máxima e a temperatura mínima do dia em um lugar. No dia 17 de abril de 2017, o *site* Climatempo (www.climatempo.com.br) registrava as seguintes informações sobre algumas cidades brasileiras:

Capital/estado	Temperatura mínima (°C)	Temperatura máxima (°C)	Amplitude térmica (°C)	Região brasileira
Belo Horizonte (MG)	17 °C	29 °C	12 °C	
Fortaleza (CE)	23 °C	31 °C		
Goiânia (GO)	19 °C	32 °C		
Rio Branco (AC)	23 °C	32 °C		
Florianópolis (SC)	16 °C	24 °C		

a) Veja o exemplo e descubra como calcular a amplitude térmica das outras cidades. Escreva o nome da região a que pertence cada cidade.

b) Qual foi a cidade que apresentou a maior amplitude térmica? Indique com um **X**.

- [ ] Florianópolis (SC)
- [ ] Fortaleza (CE)
- [ ] Rio Branco (AC)
- [ ] Goiânia (GO)
- [ ] Belo Horizonte (MG)

c) Qual é a diferença de temperatura mínima entre a cidade mais quente e a mais fria? ______________________

d) E a diferença de temperatura máxima?

____

e) De qual região era a cidade mais fria nesse dia? ______________________

2 Leia o texto e responda às perguntas.

O bioma Pantanal é considerado uma das maiores extensões úmidas contínuas do planeta. Este bioma continental é considerado o de menor extensão territorial no Brasil, entretanto este dado em nada desmerece a exuberante riqueza que o referente bioma abriga. A sua área [ocupa] 1,76% da área total do território brasileiro. Em seu espaço territorial, o bioma, que é uma planície aluvial, é influenciado por rios que drenam a bacia do Alto Paraguai.

O Pantanal sofre influência direta de três importantes biomas brasileiros: Amazônia, Cerrado e Mata Atlântica. Além disso, sofre influência do bioma Chaco (nome dado ao Pantanal localizado no norte do Paraguai e leste da Bolívia). Uma característica interessante desse bioma é que muitas espécies ameaçadas em outras regiões do Brasil persistem em populações avantajadas na região, como é o caso do tuiuiú – ave símbolo do Pantanal. Estudos indicam que o bioma abriga os seguintes números de espécies catalogadas: 263 espécies de peixes, 41 espécies de anfíbios, 113 espécies de répteis, 463 espécies de aves e 132 espécies de mamíferos sendo 2 endêmicas. Segundo a Embrapa Pantanal, quase duas mil espécies de plantas já foram identificadas no bioma e classificadas de acordo com seu potencial, e algumas apresentam vigoroso potencial medicinal.

Apesar de sua beleza natural exuberante, o bioma vem sendo muito impactado pela ação humana, principalmente pela atividade agropecuária, especialmente nas áreas de planalto adjacentes do bioma. [...]

Assim como a fauna e flora da região são admiráveis, há de se destacar a rica presença das comunidades tradicionais como as indígenas, quilombolas, os coletores de iscas ao longo do Rio Paraguai, comunidade Amolar e Paraguai Mirim, dentre outras. No decorrer dos anos essas comunidades influenciaram diretamente na formação cultural da população pantaneira.

BRASIL. Ministério do Meio Ambiente. Disponível em: <www.mma.gov.br/>. Acesso em: 20 abr. 2017.

a) Qual é a área que o Pantanal ocupa do território brasileiro?

____

b) Segundo o texto, o que há de interessante no Pantanal?

____

c) Quem vive na área do Pantanal? Sublinhe no texto.

d) Qual é o maior problema do Pantanal atualmente?

____

3 Leia o trecho da letra da canção abaixo. Ela fala de uma atividade típica do litoral brasileiro.

O mar

O mar quando quebra na praia
É bonito, é bonito

O mar... pescador quando sai
Nunca sabe se volta, nem sabe se fica
Quanta gente perdeu seus maridos, seus filhos
Nas ondas do mar.
[...]
Pedro vivia da pesca
Saía no barco
Seis horas da tarde
Só vinha na hora do sol raiá

Marcos Amend/Pulsar Imagens

Pesca artesanal em Caravelas, no estado da Bahia, 2015.

Todos gostavam de Pedro
E mais do que todos
Rosinha de Chica
A mais bonitinha
[...]
Pedro saiu no seu barco
Seis horas da tarde
Passou toda a noite
E não veio na hora do sol raiá
[...]
Pobre Rosinha de Chica
Que era bonita
Agora parece que endoideceu
Vive na beira da praia
Olhando pras ondas
Andando rondando. [...]

CAYMMI, Dorival. O mar. In: ______. **Caymmi amor e mar**. EMI Music, 2001. 7 CDs. Faixa 19.

a) Que atividade econômica é tema da canção?

____

b) Qual tipo de extrativismo é praticado pela atividade econômica citada na canção?

____

____

c) Cite outras profissões ligadas ao mar.

____

____

4 Observe a foto, leia a legenda e resolva as questões.

Ernesto Reghran/Pulsar Imagens

Pulverização de agrotóxico em plantação de cana-de-açúcar em Paranacity, no estado do Paraná, 2016.

a) A situação mostrada na foto é boa ou ruim para o solo? Por quê?

____

____

____

b) Além do solo, que outros elementos podem ser prejudicados em função do uso excessivo de agrotóxicos? Marque-os com um **X**.

Ilustrações: Vicente Mendonça/Arquivo da editora

☐ 

☐ 

☐ 

☐ 

☐